AF356400

10
44

D U

CHARBON BACTÉRIEN

— Charbon symptomatique et Charbon essentiel de Chabert —

PATHOGÉNIE ET INOCULATIONS PRÉVENTIVES

LYON. — IMPRIMERIE PITRAT AINÉ, 4, RUE GENTIL

DU

CHARBON BACTÉRIEN

— CHARBON SYMPTOMATIQUE ET CHARBON ESSENTIEL DE CHABERT —

PATHOGÉNIE ET INOCULATIONS PRÉVENTIVES

PAR

MM. ARLOING, CORNEVIN et THOMAS

DÉPÔT LÉGAL
Rhône
n° 664
1883

Mémoire couronné par l'Académie des sciences
(Prix Bréant)
et par la Société nationale d'Agriculture de France
(Prix de Bréhague)

PARIS

ASSELIN ET Cⁱᵉ

LIBRAIRIE DE LA FACULTÉ DE MÉDECINE
ET DE LA SOCIÉTÉ CENTRALE DE MÉDECINE VÉTÉRINAIRE
Place de l'École de Médecine

1883

Tous droits réservés

INTRODUCTION

Les travaux si nombreux exécutés dans ces dernières années sur le charbon, les discussions dont ils ont été l'objet, les applications pratiques qui en ont été l'heureuse conséquence, mais qui pourraient aboutir à des déboires si l'on ne s'entendait pas exactement sur la nature du mal à prévenir, établissent de la manière la plus nette et la plus évidente la nécessité de réviser la terminologie nosographique dans le groupe des affections dites *charbonneuses*.

L'identité dans les expressions concrètes doit entraîner l'identité dans la nature des choses désignées; s'il n'en est point ainsi, la confusion apparaît, des discussions surgissent à tout instant, dans lesquelles les auteurs s'égarent et se réfutent sans se comprendre.

Pour restreindre ces considérations générales au seul point que nous nous sommes proposés d'étudier, demandons-nous, par exemple, si l'épithète « charbonneuses » est donnée chez l'homme et les animaux à un groupe d'affections identiques dans leur nature.

Cette question est restée longtemps insoluble; mais aujourd'hui, grâce aux travaux de MM. Davaine, Pasteur, Koch, Cohn, Chauveau et Toussaint, elle peut et doit être abordée.

Chabert a décrit trois formes de l'affection charbonneuse qu'il a nommées : *charbon essentiel, charbon symptomatique, fièvre charbonneuse*. Mais cette division n'impliquait nullement, dans l'esprit de son auteur, une différence de nature entre ces trois manifestations morbides ; elle n'avait qu'un intérêt thérapeutique. Son contemporain Gilbert a même protesté contre son opportunité et tous les auteurs, même les plus récents, ont continué à admettre l'identité de nature de ces formes dont la fièvre charbonneuse était regardée comme le type.

Or, les travaux que nous rappelions plus haut ont démontré que la fièvre charbonneuse du mouton ou sang-de-rate est *constamment* et *exclusivement* le résultat de l'évolution dans l'organisme de cet animal d'un microbe appelé *Bactéridie du charbon* (Davaine) ou *Bacillus anthracis* (Cohn). Cette forme se trouvant dès lors parfaitement définie, il devenait possible de soumettre à la critique expérimentale la classification de Chabert.

Nos efforts dans cette voie se sont d'abord concentrés sur la comparaison du charbon symptomatique et du sang-de-rate. Après avoir établi dans la nature de ces maladies une différence indiscutable, nous avons poursuivi nos études et, parallèlement aux expérimentateurs qui s'occupent actuellement de la physiologie des microbes, nous avons abordé l'étude spéciale de la première de ces affections à laquelle le nom de *charbon bactérien* convient mieux, on le verra, que celui de charbon symptomatique. En proposant cette nouvelle dénomination, nous n'entendons pas affirmer des relations étroites entre la fièvre charbonneuse et le charbon symptomatique de Chabert, puisque l'un des principaux objectifs de ce travail est d'établir les différences qui existent entre ces deux affections. Si le groupe des maladies septiques était mieux connu et surtout mieux défini, nous aurions demandé une place parmi elles. Mais le nouveau groupement que nous aurions tenté n'eût été probablement que provisoire. En attendant que nos connaissances sur la septicémie se soient complétées, il suffit qu'on s'habitue à ne plus confondre charbon symptomatique avec fièvre charbonneuse. Or, ce but nous a semblé atteint par nos propositions.

Ajoutons qu'en poursuivant l'étude expérimentale du charbon bactérien, nous avons acquis la preuve de sa non-récidive et découvert la possibilité de le faire naître artificiellement, sous une forme bénigne, de manière à communiquer aux animaux une immunité qui les met à l'abri des dangers de l'infection naturelle.

Exposer les recherches auxquelles nous nous sommes livrés et qui nous ont conduits à différencier le charbon bactérien du sang-de-rate ou charbon bactéridien, montrer les moyens pratiques d'inoculer préventivement les bovidés pour les préserver des atteintes mortelles du charbon bactérien et indiquer les conditions où l'on doit se placer pour réussir dans ces *vaccinations*, tel est l'objet principal de ce travail.

Nous l'avons complété par une revue historique et critique des connaissances relatives aux maladies charbonneuses depuis

l'antiquité jusqu'à nos jours et par une étude aussi complète
que possible des symptômes et des lésions du charbon bactérien. Nous faisons dans un chapitre spécial l'étude physiolo-
gique du microbe spécifique, nous examinons expérimentalement
l'action exercée sur lui par la chaleur, la dessiccation et divers
agents chimiques et nous exposons les conclusions pratiques
qui en découlent au point de vue de la désinfection et de la
police sanitaire.

Nos recherches intéressent la médecine humaine autant que
la médecine comparée. En effet, les affections carbunculaires
figurent parmi les plus redoutables qui atteignent notre espèce,
et il règne sur leur origine et leur nature la même confusion
qu'en vétérinaire. Il y a plus de quarante ans, Monneret et
Fleury étudiant la pustule maligne dans leur *Compendium de
médecine pratique* étaient frappés de l'obscurité de la matière
et écrivaient... « Il faudrait que les vétérinaires établissent une
ligne de démarcation bien tranchée entre les diverses espèces
de maladies auxquelles on donne les noms de charbon essentiel,
de charbon symptomatique et qui ont été confondus avec
la morve, le farcin, le sang-de-rate et bien d'autres affections. » Le travail que nous publions aujourd'hui est une
réponse à ce desideratum ; il démontrera aux médecins la
nécessité pour eux d'entreprendre des recherches afin d'établir la véritable nature et la véritable origine de ces affections. On a prouvé que la vraie pustule maligne correspond
au sang-de-rate ou fièvre charbonneuse. La médecine doit
savoir maintenant si le charbon bactérien est susceptible
de se transmettre à l'homme et, dans l'affirmative, comment il
manifeste sa présence sur ce terrain d'emprunt, etc.   .

Appeler l'attention sur ces points nous semble aussi une des conséquences importantes de nos études.

Nous avons consacré quatre années à celles-ci en profitant de la fréquence du charbon symptomatique dans une partie de la Haute-Marne, le Bassigny, qu'habite l'un de nous ; nous avons trouvé là un vaste champ d'observation et d'expérimentation que nous avons utilisé de notre mieux.

Ce nous est un besoin de dire à cette place l'appui matériel que nous a constamment donné l'Administration de l'agriculture, le concours sympathique, par la plume et la parole, que nous a fourni M. H. Bouley et les conseils précieux que nous n'avons cessé de recevoir de notre maître, M. Chauveau, pendant ce laps de temps.

DU

CHARBON BACTÉRIEN

— Charbon symptomatique et Charbon essentiel de Chabert —

PATHOGÉNIE ET INOCULATIONS PRÉVENTIVES

CHAPITRE PREMIER

REVUE HISTORIQUE DES CONNAISSANCES RELATIVES AUX MALADIES CHARBONNEUSES

Quand on cherche, par la lecture des anciens, à se rendre compte de leurs connaissances sur les maladies charbonneuses, on éprouve un sentiment de désappointement et d'impatience. Qu'il s'agisse des écrits publiés antérieurement à la chute de l'empire romain ou de ceux publiés postérieurement et jus-qu'à la fin du dix-septième siècle, on se trouve constamment en présence des descriptions les plus vagues et les plus confuses, ainsi que des conceptions les plus étranges. Crédules et amis du merveilleux, peu ou point préparés par des connaissances spéciales à bien voir, à décrire correctement et à interpréter sainement les phénomènes pathologiques qui se présentaient à eux, les anciens auteurs, même les meilleurs, nous laissent l'esprit indécis sur ce que nous voudrions savoir. Si, en his-toire naturelle, il est parfois difficile de dire ce qu'Aristote,

Pline ou Théophraste ont voulu désigner dans leurs descriptions prolixes jusqu'à la confusion, c'est bien pis quand il s'agit
de médecine et surtout de médecine du bétail. Le bref historique que nous allons faire va mettre cela en pleine évidence.

Dans la période qui s'étend du commencement des temps historiques à l'ère chrétienne, ce sont surtout les législateurs et
les poètes qui nous parlent des maladies des bestiaux, et cela en
un langage imagé et hyperbolique qui n'est point fait pour nous
tirer d'embarras. Cependant, il ne leur avait point échappé que
les sacrificateurs et les augures qui dépeçaient les taureaux et les
brebis offerts en sacrifice, qui s'en nourrissaient ou qui cher-
chaient à lire dans leurs entrailles étaient parfois atteints de
maladies qui leur avaient été communiquées par les victimes.
Mais il est impossible de dire si ces maladies consistaient en
des tumeurs vraiment charbonneuses, dans le sens que l'on
donne aujourd'hui à ce qualificatif, ou si elles n'étaient pas
plutôt le résultat d'inoculation de matières septiques ou putrides, de manipulation de viandes et de débris cadavériques
sous un climat chaud et probablement dans des locaux impar-
faitement nettoyés. Cette dernière hypothèse est la plus probable, si l'on réfléchit que les victimes offertes aux dieux
devaient être saines, choisies qu'elles avaient été par la foi
populaire, puis soigneusement examinées par les prêtres avant
leur immolation.

Quoi qu'il en puisse être, dans l'antiquité, les troupeaux
étaient décimés par des maladies épizootiques meurtrières, parmi
lesquelles figure l'*ignis sacer*, le feu sacré. D'autre part, les médecins de l'homme ont décrit sous le même nom une affection
sur laquelle nous reviendrons. A peu d'exceptions près, les écrivains modernes ont voulu y reconnaître, tant chez l'homme que
chez les animaux, le charbon, qui a même conservé jusqu'à

nous le nom de feu sacré. Une étude attentive des textes ne nous a pas permis de nous ranger à cette opinion.

Quand les poètes nous parlent du feu sacré, parfois ce n'est pour eux qu'une figure de rhétorique, comme ce paraît être le cas de Lucrèce (1). D'autres fois, ils englobent sous cette appellation plusieurs maladies sévissant simultanément. Que le lecteur, se remémorant ses souvenirs classiques, se reporte au récit que Virgile fait au livre III des *Géorgiques*, et il en retirera cette conviction. *Nec via mortis erat simplex*, la mort se présentait sous plus d'une forme, dit Virgile, ce qu'il faut interpréter assurément en pensant que la mort était causée par plusieurs affections différentes.

Si des poètes nous passons aux agronomes, nous voyons que ni Porcius Caton, ni Varron, ni Palladius ne parlent de l'*ignis sacer*. Seul, Columelle le signale ; mais la maladie qu'il décrit sous ce nom (2), dans le chapitre où il parle des moutons, est la clavelée ainsi que cela ressort de toute la lecture du passage commençant par : *Est etiam insanabilibus ignis sacer, quem pusulam vocant pastores...* Quand cet agronome, le plus instruit en économie rurale de l'antiquité, nous parle des maladies des chevaux et des bœufs, il ne signale point le feu sacré parmi elles; il le réserve, nous venons de le dire, pour l'espèce ovine. Nous pensons qu'on doit plutôt voir le charbon dans les tumeurs très dangereuses que Columelle signale sur les membres du gros bétail et qu'il attribue, avec toute l'antiquité, aux morsures de la musareigne (*loc. cit.*, liv. VI, XXVII), croyance étrange, qui fut acceptée jusqu'à la fin du siècle dernier. Lafosse fils démontra que l'intervention de la musareigne dans la formation de ces tumeurs était une fable. Aujourd'hui encore, dans quelques campagnes, on appelle MUSAREIGNE la tumeur char-

(1) Lucrèce, *De rerum natura*, liv. IV.
(2) Columelle, *De re rustica*, liv. III, § 5.

bonneuse symptomatique de la cuisse. Cet animal étant rare en France, nous avons entendu attribuer ses méfaits au putois.

P. Végèce ne parle point non plus du feu sacré, mais il cite aussi la morsure de la musareigne comme venimeuse et amenant une tuméfaction dangereuse (1). Ce que nous venons de dire à propos de Columelle s'applique de tous points ici et nous n'insistons pas.

La compilation des médecins anciens, sans nous éclairer beaucoup sur ce que nous voudrions savoir, nous fournit pourtant des renseignements de quelque intérêt.

Hippocrate parle en divers endroits du charbon ou, plus exactement, des charbons, ἄνθρακες, car il se sert toujours du pluriel. « Dans l'été, on voit un grand nombre de *charbons* et d'autres affections qu'on appelle septiques (2). » Mais l'absence de description, l'emploi du pluriel ne nous permettent de conjecturer autre chose que l'existence de tumeurs dont la nature reste absolument indéterminée, tellement que des médecins érudits ont pensé que le père de la médecine avait voulu, par là, désigner la petite vérole.

Galien parle du charbon en plusieurs endroits. Voici un des passages les plus explicites : « Il y a aussi une autre maladie produite par une tumeur épaisse et brûlante; elle commence par une pustule qui se rompt et à laquelle succède un ulcère entouré d'une croûte. Dans l'épidémie de charbon qui fit de grandes ravages en Asie, la peau, dit-on, s'ulcérait de suite sans pustule antécédente (3). »

« Le charbon, dit Paul d'Égine, est un ulcère couvert d'une croûte qui commence par une pustule; il est causé par le sang de-

---

(1) Végèce. *Artis veterinariæ sive mulo medicina*, liv. III, LXXXII, in *Scriptores rei rusticæ veteres latini*, Lepsiæ, 1735.
(2) Hippocrate, *Epid.* III, III, VII.
(3) Galien, *De therap. meth..* liv. XIV, x.

venu atrabilieux et effervescent. Le feu sacré produit aussi des ulcères, mais qui n'exigent pas un traitement énergique ; il suffit de faire des applications détersives et émollientes comme dans l'érysipèle : celles qui paraissent les plus efficaces sont celles de vin et d'huile ou encore de grenades écrasées et macérées dans le vinaigre (1). »

Celse est l'auteur qui parle le plus longuement du charbon et du feu sacré, mais dans deux paragraphes distincts (2).

« Parmi les lésions de cause interne, la plus mauvaise est le charbon. Il est caractérisé par une rougeur à la peau avec pustules plus élevées, noires ou livides et pâles. Ces pustules sont remplies de sanie ; au-dessous, la couleur de la peau est noire et plus dure que dans l'état naturel. Autour, se forme une croûte reposant sur des bords enflammés et sur un fond déprimé. Ce mal est accompagné de somnolence et de fièvre. Il s'étend d'ailleurs plus ou moins vite; lorsqu'il attaque le gosier, il y a menace de suffocation. La meilleur manière de le traiter est la cautérisation pratiquée aussitôt que possible... »

« On doit aussi mettre au rang des ulcères le feu sacré. Il y a deux espèces de feu sacré : la première a une couleur tirant sur le rouge, ou mêlée de blanc et de rouge ; la peau est rugueuse parce qu'elle est couverte de pustules rapprochées, très petites et d'égale grosseur. Ces pustules sont presque toujours remplies de pus et accompagnées de rougeur et de chaleur. Le mal s'étend quelquefois d'un autre côté, tandis que celui qui a d'abord été attaqué se guérit. Quelquefois, après la rupture des pustules, il existe un ulcère d'où s'écoule une humeur tenant le milieu entre la sanie et le pus. Cette maladie attaque surtout la poitrine, les côtes, ou les parties saillantes du corps et principalement la plante des pieds.

« Le feu sacré de la seconde espèce est un ulcère peu pro-

(1) Paul d'Égine, *Opera*, liv. IV, xxv.
(2) Celse, *De medicina*, liv. V, xxviii.

fond, s'étendant en surface sans creuser, inégalement livide, se guérissant au centre. tandis qu'il s'étend à la périphérie. La peau environnante est gonflée et dure, d'une couleur rouge tirant sur le noir. Cette seconde espèce attaque toujours les vieillards ou les individus cacochymes, et se manifeste principalement aux jambes. Le feu sacré est le moins dangereux des ulcères rongeants, mais aussi il est le plus difficile à guérir. »

Pline. de son côté, nous fournit un témoignage très précieux. Il dit très formellement (1) que le chabon, maladie particulière à la Gaule narbonnaise, s'est introduit pour la première fois à Rome pendant la censure de L. Paullius et de Q. Marcius (an de Rome 590).

« *L. Paullo, Q. Marcio censoribus* PRIMUM *in Italiam carbunculum venisse, Annalibus conscriptum est, peculiare Narbonensis provincia malum.* »

Pline n'établit aucune relation entre l'*ignis sacer* et le charbon, il ne dit point que les animaux le transmettent à l'homme; il nous apprend seulement que L. Bassus mourut d'une piqûre qu'il s'était faite avec une aiguille; il ajoute que le mal naît dans les parties cachées du corps et commence par un bouton sous la langue.

De ce qui vient d'être reproduit, il résulte : 1° que les médecins anciens ont séparé nettement le feu sacré du charbon dans leur description ; 2° que l'*ignis sacer* était, soit un eczéma suivi d'ulcération, soit un ulcère tenace analogue à ce qu'on voit sur les jambes des vieillards ou des individus affaiblis; 3° qu'à la rigueur, on peut voir la pustule maligne dans la tumeur charbonneuse, sans pourtant que la chose apparaisse bien clairement ; 4° qu'aucun auteur ancien n'a établi de rapport de cause à effet entre l'apparition du charbon chez l'homme et la manipulation de débris cadavériques provenant d'animaux atteints d'*ignis sacer* ou d'autres affections analogues.

(1) Pline, *Histoire naturelle*. liv. XXVI, § 4.

Ce ne sont pas les relations médicales qui nous sont données touchant la période qui comprend l'ère actuelle jusqu'au dix-septième siècle qui sont capables de jeter quelque jour sur les questions qui nous occupent. Certes, les épidémies et les épizooties n'ont pas dù manquer pendant les ébranlements et les migrations qui ont accompagné l'invasion et l'établissement des peuples du nord en Europe, après le démembrement et la chute de l'empire romain. Les grands déplacements d'hommes et de bétail ont toujours cette conséquence. Mais elles n'ont pas eu d'historiens. Elles n'ont pas manqué non plus au moyen âge, mais les chroniques de ce temps ne nous éclairent pas plus sur leur nature que les écrits des poètes et des législateurs anciens. Il n'en pouvait, du reste, point être autrement ; on vivait sur l'antiquité, ni la langue ni la médecine n'étaient édifiées, et la première eût été impuissante à décrire clairement ce que la seconde voyait mal.

La Renaissance ne nous fournit pas davantage de documents utiles ; l'essor que prirent alors les arts et les lettres ne se communiqua guère aux sciences médicales ; pour que celles-ci sortissent du chaos où l'esprit trop crédule et trop timide des médecins les maintenait, l'application rigoureuse de la méthode cartésienne était nécessaire en attendant que la méthode expérimentale vînt déchirer les voiles que seule l'observation est impuissante à écarter. C'est donc, à notre avis, montrer trop de complaisance que de qualifier, sans restriction, de charbonneuses plusieurs des épizooties de cette période. Il y a des probabilités pour que quelques-unes aient eu cette nature, mais ce sont des probabilités et rien de plus. Qu'est-ce, par exemple, que cette épizootie de 1514 qui sévit sur les bovidés du Frioul et de la campagne de Venise et de Vérone? « Le mal, dit Fracastor, se jetait à l'extérieur, sur les épaules et les pieds; lorsque cela arrivait, ils guérissaient presque tous. Ceux en qui cette éruption n'avait pas lieu mouraient pour l'ordinaire ». Qu'est-ce que le *tac* des brebis, dont parle Belon, qui se manifestait par des taches livides ou noires à la peau, et détruisait les troupeaux?

Quittons ces obscurités, entrons dans des temps plus modernes, examinons les relations qui nous ont été laissées au sujet de maladies qualifiées de charbonneuses, et soumettons-les au contrôle de la critique. Nous verrons avec étonnement quelle inextricable confusion a régné à leur endroit, quelles idées étranges on s'est fait de leur nature, quelles difficultés on a éprouvées à jeter de la clarté dans leur étude, et cet examen fera mieux comprendre pourquoi nous nous sommes tenus dans une grande réserve vis-à-vis des récits des époques que nous avons passées en revue jusqu'à présent.

Nous allons rattacher à trois périodes, classer en trois groupes les écrits sur les maladies charbonneuses qu'il nous reste à examiner, et dans chacune de ces périodes nous rechercherons la part qui revient à l'une et à l'autre médecine dans les progrès accomplis. La première période embrassera les travaux des dix-septième et dix-huitième siècles jusqu'à l'année 1782, date de la publication du livre de Chabert; la deuxième, ceux qui ont été publiés depuis l'apparition de ce Traité jusqu'en 1850, époque de la découverte de la bactéridie du sang de-rate, et la troisième ira depuis ce moment jusqu'à la publication de nos travaux.

I. Première période. — Pendant la plus grande partie de cette période, la médecine vétérinaire n'était point constituée et les soins à donner aux animaux étaient abandonnés aux maréchaux, hippiâtres et bergers. Lors d'épizooties meurtrières, l'administration avait recours aux lumières des médecins de l'homme, d'autant plus que la contagion passait parfois des bestiaux à l'espèce humaine; c'est la raison pour laquelle les épizooties des dix-septième et dix-huitième siècles sont décrites par les sommités médicales de l'époque. Mais, mal préparés à ce genre d'études, les médecins n'y ont jeté qu'une lumière confuse, comme cela appert particulièrement pour les affections charbonneuses. Un résumé des principales épizooties regardées comme charbonneuses, nous est nécessaire pour la discussion à laquelle nous voulons nous livrer.

Au dix-septième siècle, deux épizooties semblent avoir présenté ce caractère. La première date de 1617 ; sa relation nous a été donnée par le père Kircher, qui nous apprend qu'après le débordement des rivières et l'envasement des fourrages, les bœufs eurent des tumeurs à la gorge qui les suffoquaient, et il ajoute que les campagnards qui mangeaient les chairs étaient atteints de la même maladie. La seconde régna en 1682 et 1683 dans le Lyonnais, le Dauphiné, puis en Italie, en Suisse, en Allemagne et en Pologne. Paulet (1) dit qu'elle se caractérisait par un chancre à la langue, quelquefois par une « squinancie maligne ou par la rate pourrie ».

Au dix-huitième siècle, les affections épizootiques paraissent avoir été nombreuses, et, parmi elles, plusieurs sont unanimement regardées comme de nature charbonneuse ; mais on va voir que plus on les observe et les étudie, plus la confusion et les ténèbres s'épaississent.

En 1712, une peste sévit dans les environs d'Augsbourg sur les chevaux, les bœufs, les porcs et les oies ; elle se manifeste par des tumeurs à la poitrine et aux aines. En France, à la même époque on vit sur le bétail « cette tumeur que les paysans appellent charbon qui se trouve au poitrail ou aux environs de la tête, qui ressemble aux anthrax qui arrivent aux hommes dans les maladies contagieuses (2) ».

(1) Paulet, *Recherches historiques et physiques sur les maladies épizootiques* Paris, 1775.
(2) Herment, cité par Paulet, *loco citato.*

En 1731, une épizootie se montre en Auvergne, puis en Bourbonnais, notamment aux environs de Moulins et de Gannat. On la voit aussi en Languedoc et aux environs de Nîmes. Cette épizootie est étudiée par M. de Sauvages, professeur à l'École de médecine de Montpellier, qui, pour désigner les tumeurs de la base de la langue qu'il avait observées sur maints sujets atteints, introduit dans la pathologie des affections charbonneuses le nom de *Glossanthrax*.

En 1757, une épizootie éclate dans la généralité de Paris ; son étude est confiée à M. Audouin de Chaignebrun, médecin et ancien chirurgien des hôpitaux et armées du Roi. Ce médecin nous apprend que la maladie frappe les chevaux, les ânes, les bêtes à cornes, les cochons, les chiens, les poules, les poissons, les cerfs de la forêt de Crécy et quelques troupeaux de moutons de la Brie. Il se croit en présence d'une maladie nouvelle, d'une « *fièvre épidémique, contagieuse, inflammatoire, putride et gangréneuse* », qui se présente sous trois formes. Dans la première, les animaux n'ont des tumeurs inflammatoires qu'au dehors ; dans la deuxième, ce sont les parties internes seulement qui sont malades ; dans la troisième, les parties internes et externes sont également affectées. M. de Chaignebrun se sert du mot charbon, mais en lui donnant un sens particulier et restreint. Il faut, dit-il, extirper les CHARBONS des grandes et petites tumeurs, puis faire des scarifications à la circonférence de la plaie. Il y a, dit-il encore, des charbons *primitifs* lorsqu'il ne s'y trouve qu'une disposition putride, et des charbons *consécutifs* quand il y a gangrène. Enfin, il nous apprend qu'il survint des tumeurs chez des hommes qui avaient dépouillé des cadavres.

En 1760, une épizootie qualifiée de *lorat* ou *louvet* attaque chevaux et bêtes à cornes en Suisse. On remarquait une tumeur vers la poitrine, les mamelles et les parties génitales ; la mort arrivait généralement le quatrième jour, et à l'autopsie on trouvait des tumeurs noires avec sérosité jaunâtre. Elle a été étudiée par le médecin Reynier (1), qui l'attribue « aux sels alcalins des aliments », et qui dit que « quelques curieux ayant fait ouvrir la veine des bêtes prêtes à périr, il n'en est sorti qu'une sérosité purulente ayant à peine quelque rougeur ».

En 1762, le bétail de l'Auvergne, du Limousin, de la généralité de Moulins, du Bugey, de la Champagne, du Forez et du Dauphiné est attaqué par une maladie que Barberet qualifie de « *fièvre putride inflammatoire et gangrêneuse* ». Les animaux atteints ressentaient des douleurs considérables le long de l'épine dorsale ; il survenait indistinctement sur tout le corps des tumeurs qui faisaient entendre par la pression une crépitation ou bruit semblable à celui que fait un parchemin sec que l'on comprime.

En 1763, une maladie charbonneuse se déclare dans l'élection de Marennes et dans la généralité de La Rochelle ; elle est étudiée par Nicolau, docteur en médecine, qui l'appelle *fièvre putride maligne, pourprée et pestilentielle.*

Nous sommes arrivés à la date de la fondation des Écoles vétérinaires. Avant d'examiner les travaux sortis de ces établissements, arrêtons-nous pour rechercher ce qui se dégage des faits exposés par les médecins.

Faut-il attribuer la nature charbonneuse aux épizooties de 1712 et 1757 qui firent périr avec le gros bétail, les porcs, les oiseaux de basse-cour et les poissons ? Les recherches de M. Pasteur ont montré que le sang-de-rate ne se communique pas aux oiseaux ; les nôtres nous ont conduits à la même conclusion pour le charbon symptomatique, et, de plus, elles nous ont fait voir que le porc n'a de réceptivité ni pour l'un ni pour l'autre charbon. Ici, comme dans l'antiquité, on a donc réuni en un seul groupe, lors de ces épizooties, des maladies de nature différente.

(1) Reynier, *Le louvet, ses causes, ses remèdes.* Lausanne, 1762.

Ce qui a certainement contribué pour une part considérable à entretenir la confusion, c'est la signification donnée pendant cette période au mot charbon. C'est simplement un synonyme de tumeur, de gonflement, d'exanthème, d'érysipèle, de bubon. On devine quelle confusion résulte d'une pareille synonymie. Plus tard, on veut identifier le mot charbon à des affections spéciales, mais on le fait d'une façon si arbitraire que le chaos n'est pas moins grand. C'est ainsi que Paulet, dont les *Recherches historiques et physiques sur les maladies épizootiques* parurent en 1775, tout en employant parfois le terme de charbon comme il vient d'être dit, nous parle aussi d'un charbon des chevaux, d'un charbon des bœufs, d'un charbon du Languedoc propre aux brebis de ce pays, etc.

Quand les auteurs veulent traiter de la nature du mal, ils se laissent dominer par l'ancienne doctrine médicale de l'humorisme, associée à celles plus récentes de l'iatro-chimisme et de l'inflammation ; ils se disent en présence de *fièvre inflammatoire putride et gangréneuse*, de *fièvre putride maligne pourprée* qu'ils différencient si mal d'autres affections, qu'en 1771, une épizootie de typhus s'étant déclarée dans le Laonnais, M. Dufot, médecin pensionnaire du Roi et de la ville de Soissons, l'appelle *fièvre putride maligne* ; en 1773, une seconde invasion de la maladie s'étant montrée dans le Soissonnais, on l'appelle cette fois *fièvre putride inflammatoire*.

Deux tentatives doivent pourtant être signalées, deux noms arrachés de l'oubli. L'idée de spécificité des maladies charbonneuses apparaît nettement chez Boissier de Sauvages. Dans sa *Nosologie méthodique* publiée en 1768, il distingue l'anthrax simple et l'anthrax pestilentiel, et, dans ce dernier, il fait entrer comme dérivés le glossanthrax et l'avant-cœur (1).

---

(1) Boissier de Sauvages, *Nosologia methodica*. Amsterdam, 1768, t. I, 147 et 417.

L'année suivante, Fournier (1) s'élève contre la confusion faite généralement entre les furoncles, les érysipèles et le *charbon malin*. Celui-ci, pour Fournier, est causé principalement par la manipulation des chairs de moutons morts du charbon ou de la clavelée *(sic)*. Il forme chez l'homme une tumeur dure, douloureuse, rouge vif à la circonférence, noire au centre. Mais où il paraît s'embrouiller, c'est quand il différencie ce charbon malin de la pustule maligne de Bourgogne. Celle-ci ne paraîtrait qu'au visage, au cou et aux mains, elle n'est jamais circonscrite par le cercle rouge et luisant du charbon malin, et elle n'est pas accompagnée de symptômes généraux fâcheux.

Les hippiatres et les guérisseurs de bestiaux n'eurent pas et ne pouvaient avoir des notions plus nettes que les médecins de leur temps sur la nature de beaucoup d'affections, soit tout à fait locales, soit générales, putrides et gangréneuses. Paulet nous apprend qu'ils appelaient « charbon toute tumeur n'occupant pas une glande et ayant dans son centre un durillon ou bouton dur sur lequel le poil de l'animal est frisé ou rebroussé et comme grillé ».

Horace de Francini, qui écrivait en 1607, parle des « carboncles » du cheval; il signale la gravité du mal et recommande de séparer le malade de ses compagnons. Les hippiatres qui vinrent après semblent avoir perdu la notion de l'existence du charbon chez le cheval, seul animal dont ils s'occupassent d'ailleurs. Solleysel (1713), Gaspard de Saunier (1734) et Garsault (1751) parlent des tumeurs dites avant-cœur et estranguillon, dans les termes les plus bizarres et sans se douter le moins du monde de leur nature. Lafosse père (1766) n'en parle pas; toutefois son fils, dont le livre date de 1776, démontre que le mal de cuisse n'est pas

---

(1) Fournier, *Observations et expériences sur le charbon malin, avec une méthode assurée de le guérir.* Dijon, 1769.

dû, comme on l'avait cru jusque-là, à la morsure de la musaraigne ; il le qualifie de dépôt critique formé à la suite d'une fièvre inflammatoire.

Mais les Écoles vétérinaires sont fondées, la médecine des animaux va entrer dans une voie nouvelle, et l'on ne se contentera plus d'étudier exclusivement le cheval. Seulement tout était à créer et rien d'étonnant à ce que dans leurs premières œuvres, les professeurs vétérinaires aient répété à peu près textuellement ce qui avait été écrit par les médecins.

C'est ainsi que, vers la fin de 1762, une formidable épizootie éclatant à Meyzieux, près Lyon, Bourgelat qui a vu les malades les traite pour une « *squinancie maligne gangréneuse* ».

En 1763, l'École vétérinaire de Paris, comme on disait alors, consultée à propos du mémoire de Nicolau, dont nous avons parlé, appelle la maladie charbonneuse qu'il avait décrite, *fièvre putride et gangréneuse*. En 1770, la même École s'occupe de « l'esquinancie gangréneuse » qui règne en Flandre ; elle l'attribue « peut-être à un venin inconnu » ou aux circonstances atmosphériques.

Signalons enfin Vitet qui, dans sa *Médecine vétérinaire*, éditée en 1771, s'occupe des affections carbunculaires qu'il divise en : 1° charbon simple et peu transmissible ; 2° charbon pestilentiel très contagieux ; 3° musaraigne qui siège toujours à la cuisse ; 4° feu Saint-Antoine particulier aux moutons. Il décrit dans un chapitre spécial l'avant-cœur, qu'il considère comme une tumeur inflammatoire violente du poitrail.

II. Deuxième période. — On était, dans l'une et l'autre médecine, au milieu de cette confusion, quand vint Chabert qui, en 1782, publie ses observations sur les maladies charbonneuses (1). Ce grand clinicien, inspiré par un esprit critique

---

(1) Chabert. *Traité du charbon ou anthrax dans les animaux.* (La septième édition, que nous avons entre les mains, est datée de 1790.)

remarquable, cherche à débrouiller le chaos ; il refuse la
dénomination de charbon aux affections putrides et gangréneuses, aux œdèmes et aux raptus hémorragiques ; il la réserve
à ce qui, depuis la publication de ses observations, est connu
sous les noms de *fièvre charbonneuse*, de *charbon essentiel* et
de *charbon symptomatique*. Ces trois appellations, dans sa
pensée, correspondent à des variétés symptomatiques d'un
même état morbide, identique quant à son essence intime,
différant seulement dans son mode de manifestation extérieure,
suivant les dispositions particulières des sujets, leur tempé-
rament et « la nature de l'humeur qui donne lieu à ces
sortes de maux ». Quand la maladie évolue sans manifester
son existence par des tumeurs extérieures, c'est la fièvre charbonneuse ou charbon interne. Lorsque des tumeurs apparaissent, le charbon est essentiel ou symptomatique. Il est
essentiel, quand la tumeur débute d'emblée, sans prodromes et
sans autres signes maladifs que ceux qui résultent de son
existence ; cette tumeur est d'abord petite, dure, rénitente,
douloureuse ; puis elle grossit et, avec son accroissement, se
montrent des symptômes généraux graves. Incisés, les tissus
qui les forment sont noirs et comme gangrenés ; « la teinte
noire se voit même dans la moelle des os. »

Il est symptomatique quand la tumeur est consécutive à un
mouvement fébrile, qu'elle a été précédée de tristesse,
d'inappétence, d'arrêt de la digestion, de frissons, de raideur
générale. (Chabert, *loco citato*.)

Les idées de Chabert étaient un grand progrès sur ce qu'on
savait jusqu'alors ; elles éliminaient des affections qui n'avaient
rien du charbon et réduisaient à trois les variétés de celui-ci.
Aussi furent-elles adoptées, non sans quelque résistance pourtant, par la généralité des médecins et des vétérinaires et pendant près d'un siècle, elles régnèrent en maîtresses dans les
ouvrages spéciaux et dans l'enseignement.

Presque au même moment, un collègue de Chabert, Gilbert, repoussait ces distinctions. « Les divisions et subdivisions, dit-il, qui ont été faites des maladies charbonneuses au lieu de jeter plus de jour sur leur diagnostic, me paraissent, au contraire, l'avoir beaucoup obscurci... toutes ces prétendues espèces ne sont que les symptômes d'une *fièvre putride gangréneuse* (1). » Et il voyait la cause principale de cette fièvre dans l'usage d'aliments avariés et notamment d'avoine javelée. Comme Chabert, Gilbert proclamait l'unité de l'affection charbonneuse, mais il se servait pour la désigner d'une appellation employée précédemment et qui ne pouvait qu'entretenir la confusion sur sa nature.

Boutrolle, qui publiait *Le parfait bouvier* en 1797, ignorait sans doute les travaux dont il vient d'être parlé. « Il y a, dit-il, un mal qui se nomme *mal de cuisse* parce qu'étant dans la cuisse il contraint l'animal de boiter d'un pied de derrière. C'est une espèce de gangrène ou tac, maladie presque incurable. » Il n'est pas difficile de deviner qu'il s'agit ici du charbon symptomatique, quoique l'auteur n'en dise rien.

Un autre écrivain qui, s'écartant des vues de Chabert, fit une tentative malheureuse de classification des maladies charbonneuses est Guersant (1815). Dans son *Essai sur les Épizooties*, il reconnaît une fièvre ataxo-adynamique charbonneuse ou typhus charbonneux qui peut être une maladie avec ou sans tumeurs. Quand elle présente des tumeurs, elle prend le nom de charbon symptomatique blanc ou noir suivant la coloration de celles-ci. Dans un second groupe, il réunit le charbon essentiel du bétail et la pustule maligne de l'homme qu'il ne croit pas identiques aux charbons à tumeur du premier groupe. Il y fait entrer aussi un prétendu charbon du porc qu'il appelle soie ou soyon.

(1) Gilbert, *Recherches sur les causes des maladies charbonneuses dans les animaux*, Nancy, an IV, p. 29 et 30.

Un dissident qu'il faut mentionner aussi est M. Plasse, vétérinaire à Niort. Dans un livre (1) où malheureusement la « raison imaginative » tient une place trop considérable, M. Plasse affirme la nécessité d'une distinction à faire dans les affections charbonneuses. Pour lui, il est deux sortes de charbon, l'un qu'il qualifie de *virulent* et l'autre de *gangréneux*. Si la distinction que propose M. Plasse est nécessaire, comme nous le démontrerons plus loin, cet observateur n'en prouve pas le bien fondé par l'expérimentation et les qualificatifs qu'il emploie ne peuvent être acceptés. En effet, ce qu'il oppose au charbon virulent, ce qu'il appelle simplement charbon gangréneux, c'est la fièvre charbonneuse ou bactéridienne, c'est-à-dire une maladie bien spécifique, et plus éloignée de la gangrène que son charbon virulent.

Au surplus, qu'on nous permette une courte citation de l'ouvrage de M. Plasse, pour montrer la nature et par suite la valeur de ses conceptions en pathologie :

« Dans les terminaisons heureuses (il s'agit de la fièvre charbonneuse), les symptômes se calment insensiblement par une résolution sans crise apparente ; il survient souvent une crise manifestée par des engorgements, des ulcères, des infiltrations, des éruptions à la peau, des aphthes aux lèvres, à la langue ou dans les narines, des crapauds, la morve, le farcin. » (*Loco citato*, 79.)

A part ces tentatives, tous les auteurs se conformèrent d'une façon plus ou moins étroite aux idées de Chabert. M. de Gasparin (2) les admet, sans l'avouer toutefois et en y mêlant fort mal à propos ses vues sur le rôle de la gastro entérite dans le charbon. Delafond (3), Gellé (4) les suivent scrupuleusement ;

(1) Plasse, *Découverte des causes des épizooties et des épidémies typhoïdes*. Niort, 1849.
(2) De Gasparin, *Des maladies contagieuses des bêtes à laine*, 1821.
(3) Delafond, *Traité de police sanitaire des animaux domestiques*, 1839.
(4) Gellé, *Pathologie bovine*, édition de 1840.

Lafore (1), aux trois formes admises par Chabert, ajoute le charbon blanc et le glossanthrax tout en reconnaissant l'unité de la maladie.

Nous verrons, dans le paragraphe suivant, quelles idées régnaient en médecine humaine sur le charbon pendant cette période.

III. Troisième période. — Au mois d'août 1850, Rayer et Davaine découvrent la bactéridie charbonneuse dans le sang d'un mouton mort du sang-de-rate. Leur découverte est confirmée en 1855 par Pollender, en Allemagne, en 1856 par Delafond, en 1857 par Brauell, de Dorpat. Mais, malgré les travaux de ces savants, on doute, en France et à l'étranger, de la causalité de la bactéridie dans le charbon, on considère jusqu'en 1877 le microphyte comme un résultat, comme un épiphénomène. Les esprits n'étaient pas suffisamment préparés à comprendre la multiplication, la propagation et l'influence de la bactéridie, malgré les beaux travaux de M. Pasteur sur les fermentations et les ferments animés, pour attribuer à elle seule l'apparition des maladies charbonneuses. Les théories humorales les dominaient encore.

Il a fallu les cultures de M. Koch et surtout les expériences si précises en ce genre et les filtrations ingénieuses de M. Pasteur pour dessiller tous les yeux et établir irréfutablement qu'en l'absence de la bactéridie spécifique, le *Bacillus anthracis*, il n'y a pas de sang-de-rate. Les observations de M. Toussaint sur la marche suivie par les bactéridies dans l'infection naturelle ont également contribué à ce résultat (2). L'opposition tenace de M. Colin, en forçant à multiplier les expériences et les faits, n'y a point non plus été étrangère.

---

(1) Lafore, *Traité des maladies particulières aux grands ruminants*, 1843.
(2) Toussaint, *Recherches sur la maladie charbonneuse*. Lyon, 1879.

Cette résistance à voir dans le *Bacillus anthracis* l'agent
unique et nécessaire de la production du charbon eut une
conséquence fâcheuse : on ne rechercha point ou l'on rechercha
à peine si ce microphyte existait dans toutes les formes
réputées charbonneuses, on ne se préoccupa point s'il était la
condition *sine qua non* de leur naissance, et conséquemment
si elles avaient la même origine. On continua à admettre que
les tumeurs du charbon symptomatique étaient de celles qu'on
qualifie de *critiques*, « qu'elles surviennent dans le cours de
la fièvre charbonneuse par suite d'un effort de la nature médi-
catrice qui porte le virus sous la peau afin de l'expulser au
dehors. »

« La nature est dans tout son triomphe, disait M. Plasse,
lorsque, par le fait d'une réaction générale elle parvient à
déposer le principe toxique sur une des parties extérieures du
corps. »

C'est à l'aide de cette vieille hypothèse que la Commission
d'Eure-et-Loir, dont les études sur le charbon ont été si
longues, si remarquables à bien des égards, établit la commu-
nauté de nature et d'origine entre la pustule maligne, le sang-
de-rate, la maladie de la vache et le charbon du cheval.

Les auteurs de l'article CHARBON du *Nouveau Dictionnaire
de médecine, chirurgie et hygiène vétérinaires*, MM. Renault
et Reynal, la Commission officielle déléguée pour étudier le
mal de montagne qui décimait les bœufs des pâturages de
l'Auvergne en 1868 partagent cette opinion.

L'identité de nature est également admise par M. Lafosse,
de Toulouse (1), par M. Cruzel (2) et par M. Zundel, dans
l'article *Charbon* du *Dictionnaire* d'Hurtrel d'Arboval, qu'il a
publié en 1874.

---

(1) L. Lafosse, *Traité de Pathologie vétérinaire*, t. III, 1858.
(2) Cruzel, *Traité pratique des maladies de l'espèce bovine*, première édition
publiée en 1869.

Ce dernier auteur, dans une communication faite à la Société vétérinaire d'Alsace-Lorraine en 1882, a même déclaré rester dans le doute sur la réalité de la différenciation que nous avons établie, pour le motif puéril qu'il a vu « les deux formes se montrer ensemble dans une même épizootie charbonneuse (1) ».

A l'étranger, la même doctrine a cours. Röll l'enseigne à Vienne (2) ; on s'y conforme en Italie (3), en Belgique (4), en Angleterre (5), (6).

Bref, les vues de Chabert tiennent toujours. D'ailleurs, ainsi que cela arrive souvent et que nous l'avons déjà vu à propos de la signification à donner au feu sacré, les auteurs se copient et se répètent, ils disent, par exemple, avec unanimité, en parlant du sang des sujets charbonneux, qu'il est noir, incoagulé, poisseux dans toutes les formes. Nous verrons bientôt ce qu'il faut penser de cette assertion.

Pourtant des expériences avaient été faites, des résultats avaient été obtenus qui auraient dû mettre sur la voie de la vérité. Prenons comme exemple ce qui s'est passé à la Commission du mal de montagne de l'Auvergne. Cette commission ou plus exactement son rapporteur, M. Sanson, a vu le charbon symptomatique et la fièvre charbonneuse. L'examen microscopique « prolongé et approfondi » du sang de la tumeur pendant la vie et celui de la jugulaire après la mort ne lui ont montré aucune bactéridie. Un mouton inoculé avec le liquide de la tumeur mourut en vingt-quatre heures ; mais deux

<hr>

(1) *Procès-verbaux des réunions de la Société vétérinaire d'Alsace-Lorraine,* Strasbourg, 1883, p. 71.

(2) Röll, *Manuel de Pathologie et Thérapeutique des animaux domestiques,* 1869.

(3) Voir le travail récent du docteur Miglioranza, *Dell'Anthrax in genere.* Padoue, 1879.

(4) Dessart, Étude résumée de la maladie charbonneuse considérée sous le rapport de la police sanitaire. in *Annnales de médecine vétérinaire,* 1881, p. 185 et 249.

(5) Williams, *The principles and Pratice of veterinary medicine.* (Dans la troisième édition de cet ouvrage, parue en 1882, l'auteur a ajouté un supplément à la fin du volume, dans lequel il fait connaître le résultat de nos recherches.)

(6) Wiltshire, *Anthrax in Natal,* in *The Veterinarian,* novembre, 1882.

taurillons inoculés avec le sang de la jugulaire n'éprouvèrent aucun mal. Une vieille brebis cachectique inoculée dans les mêmes conditions ne mourut que quinze jours après, de la cachexie assurément, puisque son autopsie ne révéla aucune des lésions habituelles du charbon et que l'inoculation de son sang à deux vaches fut infructueuse. De pareils résultats fournis par le microscope et la lancette auraient dû, semble-t-il, commander au moins le doute et pousser, par des inoculations ultérieures faites avec le sang du premier mouton qui a succombé, à la recherche de la cause véritable de sa mort. Faute de s'y être arrêté, M. Sanson, probablement sous l'influence des idées courantes à cette époque, a conclu à l'identité de nature de toutes les formes de charbon, et aucun de ses collègues de la Commission n'a réclamé contre cette conclusion (1).

En face de ce consensus dans la manière de comprendre le charbon et la tumeur charbonneuse, il se produisit pourtant en France, à notre connaissance, deux dissidences. La première émane de Davaine qui, depuis 1850, étudiait la bactéridie et le charbon. Pour lui, ce fut une vieille erreur que de considérer comme critiques des tumeurs charbonneuses, erreur due à une interprétation fausse de la marche de la maladie. « Les bactéridies privées de mouvement ne peuvent spontanément quitter les organes, et se rendre dans une région déterminée du corps ; d'un autre côté, l'économie du malade ne peut rassembler ces millions de petits êtres répandus partout, et les diriger vers un point particulier de l'organisme. Pour amener un tel résultat, il faudrait supposer l'établissement d'une filtration et d'une circulation que la physiologie ne nous permet pas d'admettre. Les tumeurs qu'on a appelées critiques étaient primitives et non consécutives à l'invasion du charbon ; ces tumeurs se forment aux points où le virus a été introduit du dehors, et c'est parce

____

(1) A. Sanson, *Rapport sur le mal de montagne*, 1868.

qu'elles sont encore localisées que l'instrument du chirurgien les guérit quelquefois (1). »

On ne peut nier plus nettement l'existence du charbon dit symptomatique; mais cette négation formulée au nom de la théorie pure n'empêche point les faits de subsister, et la pratique met trop souvent le vétérinaire en présence de cette forme morbide, pour admettre le bien fondé des assertions de M. Davaine.

La seconde contestation émane d'un vétérinaire du département de l'Yonne, M. Boulet-Josse (2). Par l'observation des faits qu'il voyait dans sa clientèle, ce praticien se fit l'opinion que, dans les variétés de charbon admises jusqu'à ce jour, il y en a au moins une « qui n'est pas virulente », et il reconnut que dans le charbon avec tumeur, le sang, loin d'avoir le caractère qu'il présente dans la fièvre charbonneuse, ne diffère point de ce qu'il est à l'état normal, peut-être même se coagule-t-il plus promptement. Mais ne disposant pas des moyens expérimentaux nécessaires pour prouver ce qu'il avançait, sa communication, intéressante d'ailleurs, resta vague, inexacte en ce qui concerne la virulence, et ne donna pas la démonstration exigible de ce qu'il affirmait.

Dans le courant de l'année 1878, nous nous mîmes à l'étude expérimentale des affections charbonneuses et, un an après, au mois de novembre 1879, nous publiions dans le *Recueil de médecine vétérinaire*, puis dans le *Journal de médecine vétérinaire et de zootechnie*, de l'École de Lyon (3), nos premières *Recherches sur la nature du charbon symptomatique*, où nous établissions nettement par l'expérimentation sa non-identité d'avec la fièvre charbonneuse ou sang-de-rate. En 1880, dans deux notes insérées dans les *Comptes rendus de l'Académie*

(1) Davaine, *Comptes Rendus*, t. LXXXIV, p. 1322.
(2) *Bulletin de la Société médicale de l'Yonne*, 1878.
(3) Numéro de janvier 1880.

des sciences (1), nous faisions connaître le microbe spécial au charbon symptomatique et qui l'engendre, les caractères si nets qui le différencient du *Bacillus anthracis*, son inoculabilité et 'lheureuse propriété qu'il a de se transformer en vaccin quand on l'introduit dans le torrent circulatoire.

Les adhésions ne se firent pas attendre; un praticien du centre, M. Vernant, produisit (2) des faits qui corroboraient la distinction que nous avions établie entre le charbon symptomatique et la fièvre charbonneuse, et un vétérinaire suisse, M. Strebel, de Fribourg, vint à son tour publier (3) un intéressant travail sur le même sujet, où il adhérait pleinement à notre manière de voir.

Un acquiescement, important en raison de la haute situation scientifique et administrative de son auteur, à la fois conseiller de la couronne d'Autriche et directeur de l'Institut vétérinaire de Vienne, fut donné en 1881 aux premiers résultats de nos études. M. Röll publia cetta année DIE THIERSEUCHEN *(Les maladies contagieuses des animaux)*, où il décrivit dans deux chapitres distincts la fièvre charbonneuse sous le nom de *milzbrand*, et le charbon symptomatique sous celui de *rauchsbrand*. Mais il continua à regarder l'anti-cœur des ruminants et le glossanthrax comme des manifestations du sang-de-rate, opinion insoutenable pour l'avant cœur et relativement erronée pour le glossanthrax qui se voit dans le charbon symptomatique et peut-être dans la fièvre charbonneuse.

Pendant qu'en France nous travaillions dans la voie qui vient d'être indiquée, deux savants allemands, les professeurs Bollinger et Feser se préoccupaient aussi de la nature et des causes du charbon symptomatique. Les expé-

---

(1) *Comptes rendus*, t. XC, p. 1302, et t. XCI, p. 734.
(2) *Recueil de médecine vétérinaire*, 15 février, 1880.
(3) *Schweizerischer Arch. für Thierheilkunde*, septembre et octobre, 1880, Berne.

riences qu'ils entreprirent les amenèrent aussi à rejeter les vues de Chabert, et à qualifier le charbon symptomatique de *tumeur emphysémato-gangréneuse*. M. Röll dans *Die Thierseuchen*, mû peut être par un sentiment de solidarité germanique, attribue à leurs études la distinction des deux formes de charbon et ne cite point les nôtres. Plus équitable s'est montré le docteur H. Putz (1), de l'Université de Halle, qui nous rend pleine justice. De son côté, M. Perroncito, professeur à l'École vétérinaire de Turin, a réclamé pour lui *(Recueil de médecine vétérinaire*, 15 juin 1880) la priorité de la découverte. Il affirme avoir reconnu et annoncé, dès 1873, l'existence de micro-organismes dans les tumeurs du charbon symptomatique.

Il ne nous convient point d'entreprendre ici une défense en règle de nos droits. Nous laissons au temps qui calme tout, nous laissons aux savants à l'esprit libre, dégagé de préjugés nationaux et animés seulement de l'amour de la vérité, le soin de les défendre. De tels savants diront que voir dans un liquide des micrococci importe peu si l'on n'en détermine ni la nature ni le rôle, ce qui est le cas de M. Perroncito qui écrivait lui-même : « Sur la question de savoir si les tuméfactions sont ou ne sont pas le vrai charbon, il m'est impossible de me prononcer rigoureusement. » *(Recueil, loco citato.)* Et se reportant aux expériences de MM. Bollinger et Feser (2), ils verront qu'elles sont attaquables et, partant, peu décisives, que l'appellation de *tumeur emphysémato-gangréneuse* employée par eux, n'est pas toujours justifiée, et qu'il y a lieu de faire des réserves à propos de la quantité et surtout de la nature des matières qu'ils inoculaient, puisqu'ils n'ont pas isolé le microbe par la culture. En veut-on un exemple ? M. Bollinger cite le rat parmi

---

(1) Dr Putz, *Die seuchen und Herdekrenkheiten unserer hausthiere*, t. II, Stutgard, 1882.

(2) *Zeitschrift fur praktische Weterinärwissänchaften*, janvier, mars, 1876. *Wochenschrift fur Thierheilkunde und Viehzucht*, août et septembre 1878.

les animaux doués de réceptivité pour le *Rauchbrand ;* nous le considérons, au contraire, comme réfractaire et nous pensons que M. Bollinger n'a pu le tuer qu'avec un produit septicémique.

Jetons un coup d'œil sur l'état de la question en médecine pendant les deux périodes que nous venons de parcourir. Nous avons vu Boissier de Sauvages et Fournier tâcher de répandre un peu de lumière et essayer une distinction nécessaire dans les tumeurs de l'homme, qualifiées jusque-là arbitrairement de charbon. Mais leurs travaux n'exercèrent pas sur les idées des médecins toute l'influence qu'ils méritaient. On continua à confondre des maladies différentes et à croire à l'apparition spontanée de la pustule maligne. Pourtant, dès 1785, Enaux et Chaussier, et, beaucoup plus tard, l'illustre Rayer affirmèrent, en se basant sur les données cliniques, que toutes les pustules malignes ne sont pas de même nature. On cite quelquefois à l'appui de leur opinion, l'expérience du docteur Boinet qui, sous l'influence des idées de Rayer, son maître, s'inocula, sans éprouver aucun mal, la sérosité d'une pustule maligne. Les docteurs Salmon et Maunoury, la Commission d'Eure-et-Loir inoculèrent non seulement la sérosité, mais des escarres entières de tumeurs dites charbonneuses sans aucun résultat. Par contre, le docteur Bourgeois, dans son *Traité de la pustule maligne et de l'œdème malin,* avance qu'une plaie simple mais suppurante peut donner le charbon. Le docteur Raimbert (de Châteaudun), dont le nom est bien connu de tous ceux qui s'occupent du charbon, distingue dans son *Traité des maladies charbonneuses* une pustule maligne vraie, et un œdème gangréneux qui serait une variété atténuée de la première, produite peut-être par une matière altérée, septique, qu'il ne détermine malheureusement point. M. Dumolard (de Vizille), dans un travail récent (1), distingue

(1) *Lyon-Médical*, janvier 1880.

les pustules malignes d'après leur terminaison, en *infectantes* et *non infectantes;* mais il croit à une origine commune pour les deux sortes de pustules. Elles seraient l'une et l'autre « le résultat du virus charbonneux introduit dans l'organisme vivant qui, tantôt réagit énergiquement en amenant autour de la pustule un travail inflammatoire qui barre le passage au virus, et empêche l'infection générale, et qui tantôt reste inerte, alors que les bactéridies charbonneuses envahissent les tissus environnants, pénètrent dans le torrent circulatoire et déterminent la mort. » Ce qui revient à dire, d'après M. Dumolard, que les pustules malignes non mortelles sont des pustules dans lesquelles le *Bacillus anthracis* épuise son action sur place.

Ces opinions diverses démontrent que les médecins ne savent encore à quoi s'en tenir sur la nature des diverses pustules malignes qu'ils rencontrent.

Si l'on parcourt les descriptions que l'on a faites des autres affections charbonneuses de l'homme, la confusion éclate encore manifestement. Ainsi l'affection correspondante au sang-de-rate qui serait causée, dans l'esprit des auteurs, par l'ingestion de chairs charbonneuses, est appelée *fièvre charbonneuse,* si elle ne détermine que des troubles généraux des grandes fonctions, et charbon symptomatique si son évolution s'accompagne de l'apparition de tumeurs dans quelques points du corps. Et cette dernière dénomination est aussi accordée par quelques personnes au *charbon malin spontané* ou *anthrax malin,* maladie dont la nature est indéterminée. De plus, il est admis par un certain nombre d'auteurs que la véritable fièvre charbonneuse se distingue du charbon symptomatique par l'absence de tumeurs *critiques, secondaires,* profondes et étendues.

En résumé, les médecins se trouvent souvent, comme les vétérinaires, en présence d'affections qui possèdent des points communs, la soudaineté, la gravité, la tuméfaction, mais dont la nature est probablement différente.

Aucune expérience n'a été faite jusqu'à présent pour établir scientifiquement les différences qu'il y a lieu de supposer. Nous répétons ici qu'en fournissant la démonstration que le charbon bactérien des ruminants diffère fondamentalement de la fièvre charbonneuse ou sang-de-rate, nous espérons provoquer des travaux qui éclaireront le dédale dans lequel se meut encore la médecine.

CHAPITRE II

FRÉQUENCE — SYMPTOMES — TERMINAISONS — LÉSIONS
DU CHARBON BACTÉRIEN

1. FRÉQUENCE. — La confusion faite entre les affections charbonneuses, jusqu'à la publication de nos travaux, ne permet pas de donner une statistique des victimes du charbon bactérien. Mais, d'après les renseignements qui nous ont été fournis de divers côtés, nous croyons pouvoir affirmer qu'il est au moins aussi fréquent, sinon davantage, que le sang-de-rate dans l'espèce bovine.

Nous savons, par les travaux de Feser et Bollinger, qu'il décime le gros bétail de la Franconie, de la Bavière et du grand duché de Bade, et par ceux de Strebel (1), que certains des pâturages du canton de Fribourg, par exemple, perdent 25 0/0 du bétail dont on les peuple, par le *quartier*, l'*attaque* ou le *tourment* qui sont les noms sous lesquels on désigne le charbon bactérien dans le pays. Perroncito, Miglioranza et Rivolta nous ont appris qu'on le voit en Italie, particulièrement dans la province de {Padoue, où ses ravages sont

---

(1) *Journal de médecine vétérinaire et de zootechine*, 1882, p. 538 et suiv.

considérables ; M. J. Sommer qui exerce dans le Vorarlberg autrichien, nous a écrit que chaque année cinq cents bêtes bovines en meurent dans sa circonscription ; nos confrères, MM. Claude et Brémond nous ont dit sa fréquence en Algérie. Nous lisons dans un rapport de M. Wiltshire, vétérinaire colonial, qu'il sévit sur le bétail du pays de Natal (1).

M. Huidekoper qui a bien voulu dépouiller pour nous quelques rapports du département de l'agriculture aux États-Unis, nous a appris que la *Black-leg* (cuisse noire) est loin d'être rare dans l'Amérique du Nord. M. Raphaël Espejo nous a fait la même déclaration pour l'Espagne, en nous signalant les provinces de Badajoz et de Caceres comme particulière - ment éprouvées.

Le charbon bactérien existe en Belgique, surtout dans le Hainaut, le Luxembourg, Namur, Liège, le Limbourg et la Flandre occidentale (2). M. Fleming l'a vu en Angleterre, notamment dans le comté d'Essex.

En France, les communications que nous avons reçues de vétérinaires exerçant dans les contrées les plus diverses, nous ont fait voir qu'il est peu de maladies aussi communes, aussi répandues que celle-là. Nous l'avons observée dans la Haute-Marne et le Rhône ; nous savons par M. Reynier qu'elle se montre dans le Dauphiné, par le docteur Gerlier et M. Michaux qu'elle ravage les bestiaux des Alpages du pays de Gex. M. Eloire l'a observée dans l'Aisne, M. Lefebvre dans la Manche, M. Philippe dans la Seine-Inférieure, M. Dubois dans la Charente, M. Vernant dans la Nièvre, M. Boulet-Josse dans l'Yonne, M. Grissonnanche dans le Puy-de-Dôme, M. Maret dans le Limousin, M. Carrey dans la Côte-d'Or, M. Chénier dans le Doubs, etc. Roche-Lubin, Pradal, Goux, en leur temps, ont donné la rela-

---

(1) Wiltshire, *loco citato*, p. 791.

(2) Wehenkel, *Rapport général sur l'état sanitaire des animaux domestiques du royaume de Belgique en 1881*, p. 27.

tion d'épizooties observées dans le midi de la France. M. Lafosse, dans son *Traité de Pathologie*, nous apprend que cette affection n'est point rare aux environs de Toulouse.

On la voit en toutes saisons, néanmoins il y a comme des poussées charbonneuses qui, dans le Bassigny où nous avons fait nos observations, ont lieu généralement à la fin de septembre et au mois d'octobre.

Fréquemment le charbon bactérien se montre en même temps et dans les mêmes localités que la fièvre charbonneuse, ce qui a été, vraisemblablement, un des motifs qui ont fait réunir autrefois par les observateurs les deux maladies sous le même titre générique.

La question de savoir si l'affection qui nous occupe sévit de préférence sur tel ou tel terrain, dans telle ou telle formation géologique, préoccupait beaucoup nos devanciers, mais elle nous semble avoir perdu son intérêt depuis nos démonstrations de la résistance si considérable des germes aux causes de destruction.

II. Symptômes. — La maladie sévit particulièrement sur les jeunes bovidés âgés de six mois à quatre ans; on peut la voir aussi sur les agneaux; l'un de nous l'a observée sur un poulain qui vivait depuis quelque temps en liberté dans un pâturage, et cela une seule fois pendant une pratique de seize ans dans un pays où les victimes de l'espèce bovine sont très nombreuses.

Un embonpoint rapidement acquis semble une prédisposition à la contracter.

Elle débute toujours soudainement, mais de deux manières différentes; tantôt son existence se révèle brusquement par l'apparition d'une tumeur (*charbon essentiel* de Chabert); tantôt celle-ci est précédée de symptômes généraux plus ou moins graves (*charbon symptomatique* du même) : fièvre, raideur

générale, arrêt de la digestion et de la rumination, tremblements partiels aux fesses et aux épaules, frissons, sécheresse
du mufle, tristesse, inappétence, refroidissement des extrémités, accompagnés d'une boiterie dont la cause échappe tout
d'abord, mais que l'on ne tarde pas à pouvoir attribuer au développement d'une tumeur sur l'un ou l'autre membre. Il y a parfois
comme une détente après son apparition, les animaux cher-
chent à manger et même ruminent un peu.

Elle siège sur les rayons supérieurs, autour de l'épaule ou
du bras *(mal d'épaule, avant-cœur, anti-cœur)*, de la croupe,
de la cuisse *(mal de cuisse)*, de la jambe et des parties génitales *(mal de jambe, trousse-galant)*. Dans quelques cas,
c'est sur le tronc qu'elle apparaît, par exemple, le long de la
gouttière de la jugulaire, dans l'auge *(estranguillon)*, dans
la région lombaire ou même sous la poitrine.

Quel que soit son siège, cette tumeur est irrégulière, mal
circonscrite et progresse dans tous les sens avec une rapidité
étonnante ; en huit ou dix heures, elle a acquis un énorme développement. D'abord homogène et extrêmement douloureuse
dans tous les points, elle devient peu à peu insensible dans le
centre, crépitante et sonore comme une vessie remplie d'air.
Tous les tissus qui la forment sont noirs, friables, faciles à
écraser. Incisés, ils laissent écouler au début de la maladie du sang
rutilant, puis, plus tard, un liquide semblable au sang veineux,
et, dans les derniers moments, une sérosité spumeuse. Cependant, lorsqu'elle intéresse une région très riche en tissu conjonctif, elle se traduit par un œdème volumineux dont le liquide
est citrin ou peu coloré en rouge dans les points éloignés du
tissu musculaire.

Ce serait une erreur de croire que les symptômes se déroulent
toujours dans l'ordre que nous venons d'indiquer. Il est des
cas où la tristesse, la sécheresse du mufle, l'inappétence,
quelques frissons, de légères coliques et un peu de météorisa-

tion sont les seuls signes objectifs ; le diagnostic est difficile dans ces circonstances et une confusion avec une simple affection de l'appareil digestif est possible. La tumeur, peu développée d'ailleurs et qui peut facilement échapper, même à l'autopsie, parcourt ses phases dans la profondeur des masses musculaires, sans atteindre les couches superficielles. On la trouve parfois sous l'épaule, attaquant simplement l'extrémité du grand dentelé, et rien à l'extérieur n'en décèle l'existence.

Ceci nous amène à dire qu'à côté de la maladie grave dont vous venons de tracer l'esquisse, se présente une forme larvée et comme ébauchée, qui ne se traduit que par des frissons, un peu de fièvre et d'inappétence, dont la nature est méconnue par le clinicien et par le propriétaire. Cette forme guérit spontanément, et l'on verra plus loin quel bénéfice les malades en retirent.

Pendant que la tumeur poursuit son évolution, les symptômes généraux s'aggravent, la fièvre s'allume, l'artère, dure, bat 90, 100 à 110 fois par minute ; la respiration est plaintive, accélérée ; la température de la peau très élevée, le malade devient faible, indifférent à tout ce qui l'entoure ; sa démarche est pénible, incertaine ; l'état adynamique se prononce de plus en plus ; l'animal se couche et demeure étendu sur le sol ; la peau se refroidit, et la mort arrive généralement trente-six ou quarante-huit heures après l'apparition des premiers symptômes.

Les oscillations de la température sous l'influence de cette maladie sont très remarquables. Nous allons en donner un exemple recueilli sur un mouton emporté en soixante-quinze heures à la suite d'une inoculation :

Mercredi soir. .	40°7.	Temp. rectale (trois h. après l'inoculation).
Jeudi matin. . .	40°4.	—
Vendredi matin. .	41°9.	—
Samedi matin. .	41°3.	—
— à 2 h. soir.	40°6.	—
— à 6 h. — .	38°6.	(une heure avant la mort).

Il nous est arrivé de constater une température maximum de 42°5 et même 42°8 qui se maintenait pendant quinze à vingt heures, puis le thermomètre baissait rapidement pour tomber vers 37° au moment de l'agonie.

Si l'on ouvre la jugulaire, dans le cours de la maladie, l'on constate que la saignée n'est point baveuse; le sang qui s'en écoule forme une belle veine fluide, se coagule rapidement et n'abandonne pas plus tôt son sérum que le sang qui proviendrait d'un animal sain.

III. Terminaisons.—Le plus souvent la terminaison est fatale, en France tout au moins, car, d'après ce qui nous a été dit en Algérie, les guérisons ne seraient pas très rares dans notre colonie. La thérapeutique nous offre peu de ressources, et dans les essais faits à l'aide de substances indiquées pour combattre les microphytes, nous avons toujours échoué. Les injections intraveineuses d'iode nous avaient fait concevoir des espérances qui ne se sont pas réalisées. Nous avons épuisé sans succès toute la série des médicaments rangés dans la classe des inflammatoires généraux, des antiseptiques, des toniques, etc. Le cautère actuel chauffé à blanc, les caustiques les plus énergiques, les toniques les plus prônés sont demeurés à peu près constamment impuissants. La destruction des tumeurs et l'enlèvement d'énormes masses charnues, opérations irrationnelles à tous les points de vue, n'ont eu d'autres résultats que d'ajouter aux souffrances du patient. Puisqu'il faut l'avouer, nous dirons que jusqu'ici, et sans engager l'avenir, la thérapeutique nous semble encore désarmée contre le charbon bactérien et que lorsqu'il y a eu guérison, elle s'est effectuée spontanément, soit que la maladie fût bénigne, soit que le terrain sur lequel elle devait évoluer fût peu favorable à son développement.

Quelques personnes prétendent que si la tumeur charbonneuse

est attaquée promptement par la cautérisation, et si en même temps les antiseptiques à haute dose sont administrés à l'intérieur, on parvient quelquefois à triompher du mal. Malgré les essais malheureux dont nous avons été constamment les témoins, nous ne doutons pas que le charbon bactérien soit curable, surtout quand la tumeur est essentielle et qu'elle a précédé les symptômes généraux graves; mais, comme nous venons de le dire, le plus souvent la guérison s'opère spontanément.

En effet, dans l'expérience publique faite à Chaumont le 26 septembre 1881 et dont nous parlerons plus loin, sur douze animaux témoins, trois survécurent à l'inoculation du charbon symptomatique dans le tissu conjonctif de la cuisse. Un de ces survivants se montra absolument réfractaire; les deux autres présentèrent d'emblée une boiterie assez intense, un gonflement œdémateux qui s'étendit jusqu'à l'extrémité inférieure du membre; l'un d'eux inspira des craintes sérieuses. Mais, quatre jours après l'inoculation, les symptômes s'amendèrent; huit jours plus tard, ils avaient entièrement disparu.

Ce fait démontre que, dans certaines conditions, des animaux peuvent guérir spontanément d'une tumeur charbonneuse, à plus forte raison peuvent-ils guérir si on leur applique un traitement approprié. Il démontre, en outre, qu'il existe quelques sujets réfractaires aux effets de l'agent virulent du charbon symptomatique. Après la guérison, les animaux reçoivent l'immunité en partage.

Il est important d'avertir le lecteur que les propriétaires se sont parfois illusionnés sur la cause de certains cas de prétendu charbon symptomatique. Nous en citerons un exemple. En avril 1881, nous nous sommes trouvés en présence de deux grands propriétaires de l'Algérie visités annuellement par le charbon bactérien qui, tous les deux, étaient fermement convaincus d'avoir guéri quelques malades.

A Misserghin, près d'Oran, dans la ferme de M. Duveyrier,

on nous a montré un bouvillon que l'on disait guéri du charbon symptomatique. Cet animal portait encore les traces d'une profonde cautérisation. Notre confrère M. Brémond, vétérinaire à Oran, n'avait jamais réussi dans les traitements qu'il avait institués personnellement, néanmoins il n'osait pas absolument douter des assertions de ses clients. Nous savions d'ailleurs que d'autres maladies contagieuses, incurables en France, passent pour moins rebelles dans nos possessions africaines. Il n'y avait qu'un moyen de couper court à nos hésitations et à celles de M. Brémond, inoculer ce bouvillon dans le tissu conjonctif. Si l'animal a été réellement guéri du charbon symptomatique, il sera réfractaire à l'inoculation, s'il meurt, c'est qu'il a été guéri d'une maladie pseudo-charbonneuse.

Or, l'injection d'une dose assez faible de virus charbonneux dans les muscles cruraux a emporté le bouvillon en trente heures.

La maladie à tumeur œdémateuse, que l'on arrête quelquefois en Algérie par un traitement *ad hoc*, n'est donc pas toujours le vrai charbon symptomatique. Dans ce cas, sa nature est encore à déterminer.

Il n'en est pas moins vrai que les bêtes bovines algériennes opposent une résistance plus grande que les bêtes européennes, aux atteintes du charbon bactérien, et probablement à d'autres maladies contagieuses et que la curabilité du charbon symptomatique en Algérie n'est point un fait exceptionnel. M. Brémond l'a démontré expérimentalement à deux reprises ; voici l'une de ses intéressantes expériences (1) :

Le 7 juillet 1881, le charbon symptomatique sévissait à Aïn-Beïda, chez M. Durand. Parmi les sujets atteints qu'il me fut donné d'observer, je choisis un bœuf de quatre ans, malade depuis la veille, qui présentait en avant de l'épaule droite une tumeur crépitante énorme. Je pratiquai une incision

______

(1) *Rapport au Conseil général d'Oran sur le charbon symptomatique*, par M. Brémond, 1883.

au centre de cette tumeur, et, à l'aide d'une érigne, j'attirai au dehors un fragment musculaire qui me servit à inoculer sur place, d'après le procédé déjà indiqué, deux cobayes adultes. Ces deux sujets moururent le 9 juillet, l'un à six heures du matin, l'autre à onze heures. A l'autopsie, je constatai toutes les lésions du charbon bactérien. Un veau de cinq mois, inoculé avec de la pulpe ganglionnaire du cobaye mort le premier, succombait au bout de quarante-neuf heures, et un agneau de six semaines, inoculé de la même façon, avec le cobaye mort le dernier, mourut en trente heures. A l'autopsie, ces deux animaux présentaient toutes les lésions du charbon symptomatique. Or, le bœuf qui m'avait fourni la matière virulente, après avoir été très malade du 7 au 11 juillet, revenait progressivement à la santé et était complètement remis le 14. Il a été vendu sur le marché d'Oran, quatre mois après, par M. Durand.

IV: Lésions. — Nous décrirons les lésions du charbon bactérien principalement d'après l'étude que nous en avons faite sur le bœuf. Dans cette description, nous passerons en revue les grands appareils de l'organisme.

A. *État général du cadavre.* — Après la mort, le cadavre se ballonne rapidement. Outre les gaz qui se développent dans l'abdomen, d'autres, sur la nature desquels nous reviendrons plus loin, s'accumulent dans le tissu conjonctif sous-cutané et intramusculaire de la région envahie par une tumeur. Parfois ils s'étendent loin de la lésion locale, ils peuvent même se montrer dans les vaisseaux sanguins et dans le cœur.

Les régions infiltrées par ces gaz sont distendues et sonores comme un tambour.

Les infiltrations gazeuses se développent le plus communément à la face externe et à la face interne de l'épaule, sous la peau du dos, des fesses et sous les aponévroses de la face interne de la cuisse. Aussi trouve-t-on souvent, sur le cadavre, l'un ou l'autre membre étendu et écarté plus ou moins du tronc.

La tympanite détermine l'expulsion d'un liquide sanguinolent et spumeux par les naseaux et par l'anus.

B. *Appareil locomoteur.* — Les masses musculaires présentent une ou plusieurs *tumeurs* caractéristiques.

Les muscles qui constituent le centre de ces tumeurs ont une teinte noire très foncée, caractère justificatif du nom de *charbon*, donné par nos devanciers à la maladie que nous décrivons.

Si l'on incise une tumeur, on s'assure que la coloration noire s'atténue au fur et à mesure que l'on se porte du centre à la périphérie. Elle passe successivement de la couleur lie de vin foncé au rouge, au rose, au jaunâtre. Des stries noirâtres parcourent les portions les moins foncées. '

Il faut ajouter que la coloration des parties centrales se modifie au contact de l'air; tel muscle ou tel groupe musculaire qui offre la coloration noire sur la tranche au moment où l'on vient de le diviser, prend une teinte rutilante au bout de quelques instants. Cette modification est analogue au changement que subit la couleur du sang veineux en présence de l'atmosphère.

Autour de la tumeur, surtout si elle siège dans une région riche en tissu conjonctif lâche, existe un *œdème* considérable. Près des muscles malades, cet épanchement a les caractères de l'œdème inflammatoire; il est rouge et parsemé de grains ou de filaments jaunâtres incontestablement fibrineux. Plus loin, il offre les caractères de l'œdème passif; il est incolore ou légèrement citrin, et d'une grande mobilité.

Lorsque l'œdème est abondant, l'infiltration gazeuse est modérée et inversement. Dans tous les cas, pour peu que l'infiltration gazeuse soit notable, on trouve les gaz dans tous les points de la tumeur; au sein du tissu conjonctif inter-musculaire où il forme quelquefois des poches assez vastes autour des gros vaisseaux ou des troncs nerveux qui traversent la région, dans le tissu conjonctif inter-fasciculaire et jusqu'autour des faisceaux primitifs contractiles.

La diffusion *des gaz* dans les muscles rend les organes crépitants, élastiques et leur communique souvent une densité inférieure à celle de l'eau. De plus, elle dissocie leurs parties élémentaires, au point d'en rendre ultérieurement la séparation très facile lorsque l'anatomiste veut étudier les lésions des fibres musculaires, au microscope.

Nous pûmes recueillir ces gaz sur un jeune taurillon qui présentait, à la suite d'une inoculation dans les muscles de la cuisse, une insufflation considérable du tissu conjonctif sous-cutané de la fesse et du flanc. Le cadavre, étant couché sur le côté opposé à la lésion, nous construisîmes sur le flanc et la cuisse une petite cuvette avec de la paraffine fondue, que nous remplîmes d'huile. Nous pratiquâmes çà et là quelques ponctions à la peau d'où les gaz s'échappaient, grâce à des pressions méthodiques exercées au voisinage. Nous opérâmes dans cette cuvette comme on opère dans une cuve à eau, au-dessus du tube abducteur d'un appareil à dégagement gazeux ; nous remplîmes plusieurs éprouvettes de gaz.

L'analyse nous a démontré que ces gaz, dont l'odeur, peu de temps après la mort, n'a rien de désagréable, ne renferment ni oxygène, ni oxyde de carbone. En effet, le pyrogallate de potasse et le chlorure cuivreux ammoniacal n'absorbaient rien ou à peu près rien dans nos tubes à analyse. Au contraire, la potasse déterminait une absorption considérable, preuve que l'acide carbonique forme presque la totalité de ces gaz. Toutefois, la potasse laissait toujours subsister un faible résidu que nous n'avons pu déterminer qualitativement, mais que, en raison de sa combustilité et de la coloration de la flamme qu'il fournit en brûlant, nous supposons êtreconstitué par le gaz des marais.

Si l'on veut pousser plus loin l'étude de cette tumeur, il faut recourir au microscope.

En dissociant un fragment du tissu œdémateux qui entoure la tumeur, on reconnait aisément l'existence d'une sorte de réticulum fibrineux entre les faisceaux du tissu conjonctif. Le tout baigne dans un liquide abondant où nagent des cellules déformées du tissu conjonctif, des leucocytes, des globules sanguins plus ou moins altérés et des microbes dont il sera question un peu plus loin.

Si l'on s'attaque au tissu musculaire même, rien n'est plus facile que d'isoler les faisceaux contractiles. L'examen d'une préparation est singulièrement facilité par l'emploi de l'éosine, du carmin, de la vésuvine ou du violet d'aniline. Les fibres musculaires sont noyées dans des amas de globules sanguins et de cellules lymphatiques; en d'autres termes, on a sous les yeux un infarctus. Quant aux fibres, étouffées par le sang épanché, par les cellules lymphatiques et par la fibrine, privées du contact de l'oxygène, elles ont subi pour la plupart deux altérations principales, la dégénérescence graisseuse et la dégénérescence cireuse ou de Zenker (voir les figures 4 et 5 sur la planche finale).

Quelques-unes ont perdu çà et là leur striation; elle est remplacée par des granulations foncées ou brillantes, selon leur volume. Lorsqu'on a fait agir sur des fragments de tumeur, la solution osmique à 1/100 ces granulations sont colorées en noir. Les autres semblent constituées par une succession de fragments hyalins réfringents, sur lesquels on aperçoit encore, dans quelques points, des traces de striation.

Les microbes caractéristiques sont nombreux autour des faisceaux. On les voit, à l'intérieur même des fibres, dans les points qui répondent aux cassures de la substance contractile et où la continuité est établie seulement par le sarcolemme De sorte que l'on peut se demander si ces microbes ont déterminé ces cassures, ou s'ils ont profité de leur existence pour s'introduire à l'intérieur du sarcolemme.

Les deux opinions peuvent se soutenir, M. Cornil, qui a fait une étude des lésions du charbon symptomatique sur le cobaye et du choléra des poules, admet la première. Il s'exprime ainsi, à propos du choléra des poules: « La série des préparations faites après durcissement du muscle dans l'alcool, qu'elles soient parallèles ou perpendiculaires à la direction des faisceaux musculaires, se complètent les unes par les autres et démontrent que les microorganismes pénètrent, avec des cellules lymphatiques et de la fibrine, dans l'intérieur des gaines sarcolemmiques, en détruisant, en dévorant par place la substance musculaire ». Et plus loin, au sujet du charbon symptomatique : « Le rôle des bacilles spéciaux du charbon symptomatique, considérés comme la cause de la fragmentation des faisceaux musculaires primitifs, est donc parfaitement net et démontré, aussi bien que celui du microbe du choléra des poules (1) ».

Nous serions plus réservés sur le rôle des microbes dans la production de cette lésion. Nous croirions plus volontiers que la dégénérescence cireuse est causée par la modification des conditions biologiques des fibres et par la température élevée qui règne dans la tumeur. Les microbes pénétreraient ensuite dans les fissures des fibres dégénérées et achèveraient le processus.

A travers des pièces durcies dans l'alcool, on peut pratiquer des coupes minces parallèles ou perpendiculaires à la direction des fibres musculaires. Sur les premières, on aperçoit des faisceaux contractiles presque intacts, d'autres en état de dégénérescence graisseuse et cireuse, emprisonnés dans des amas de globules rouges ou de leucocytes ratatinés. Les microbes que l'on voyait si aisément sur les préparations de tissu frais sont masqués par la solidification des matières

____

(1) *Archiv. de physiol. nor. et pathol.*, 1882, p. 623 et 626.

coagulables répandues entre les fibres et les masses de globules sanguins. Sur les secondes, on voit les mêmes amas de globules rouges et blancs et les sections transversales des fibres musculaires. Quelques gaines sarcolemmiques sont vidées de leur contenu normal ; il est remplacé par des granulations qui résultent des débris de la substance contractile et par des microbes plus ou moins agglutinés et méconnaissables, grâce à l'action de l'alcool (V. fig. 4 et 5).

M. Cornil (1) a étudié comparativement la tumeur du choléra des poules et celle du charbon symptomatique produite artificiellement, l'une sur le poulet et l'autre sur le cobaye. Les caractères de la tumeur se ressemblent beaucoup dans les deux affections. Toutefois, M. Cornil a remarqué « que l'exsudat déterminé par le charbon symptomatique est moins riche en fibrine et en cellules lymphatiques, moins compacte, moins solide, moins obstruant que celui du choléra, et tous les échanges nécessaires à la vie peuvent vraisemblablement s'effectuer dans le liquide de cet exsudat. » Le même auteur ajoute qu'il n'a pas vu dans le charbon symptomatique « de mortification complète semblable au séquestre du choléra des poules, ce qui tient à ce que la circulation du sang n'est complètement interrompue en aucun point. »

Cependant, la mortification localisée du tissu conjonctif et musculaire peut se montrer, après l'inoculation du charbon symptomatique, si les sujets inoculés ont été pourvus de l'immunité contre cette affection par une inoculation antérieure, ou s'ils ont peu de réceptivité pour ce virus. M. Cornil ne l'a pas observée, parce qu'il inoculait des cobayes indemnes, qui succombaient tous en peu de temps à l'inoculation unique qu'ils recevaient.

Si, au contraire, on pousse, dans les muscles de la cuisse de

____

(1) *In loco cit.*, p. 626.

cobayes vaccinés, cinq à six gouttes de virus frais, on constate d'abord un empâtement chaud étendu à toute la cuisse, bientôt l'engorgement se circonscrit, mais il reste dans les muscles cruraux un nodule plus ou moins volumineux qui subsiste pendant six semaines ou deux mois. Des phénomènes semblables se déroulent sur le bœuf, le mouton, quand ils sont vaccinés, et sur le cheval, l'âne, le mulet dont la réceptivité pour le virus du charbon symptomatique est à peu près nulle.

Ce séquestre se compose de fibres musculaires mortifiées, brunes ou rouge-orangées, plus ou moins dissociées. Il finit par s'entourer d'une poche conjonctive dont la face interne est tapissée par des grumeaux blancs ou jaunâtres qui ressemblent à du pus concrété ou plus exactement à de la matière caséeuse.

Il nous est arrivé parfois de trouver sur le mouton une poche de la grosseur d'une noix ou d'une petite pomme, indolore, remplie de pus grumeleux ou de cellules lymphatiques mortes, de granulations graisseuses et de microbes inactifs.

M. Cornil a déterminé avec le plus grand soin la composition de la paroi qui entoure le séquestre musculaire dans les lésions du choléra des poules. Il a pu décomposer cette paroi en trois couches : une couche interne dans laquelle existent des cellules géantes ; une couche moyenne composée de grandes cellules fusiformes ou étoilées ; une couche externe formée de tissu conjonctif embryonnaire parcourue par de nombreux vaisseaux sanguins. Les éléments cellulaires et les interstices de la couche interne et de la couche moyenne sont remplis de granulations graisseuses dont le volume diminue au fur et à mesure qu'on les observe plus près de la face externe.

M. Cornil déduit de la connaissance de la structure de la poche, le mécanisme de la résorption du séquestre. Le rôle principal appartient aux cellules lymphatiques de la couche interne.

Effectivement, lorsque le séquestre est morcelé par la membrane qui végète, de manière à l'enserrer de toutes parts, les cellules en absorbent les débris et les divisent en particules très fines susceptibles d'entrer dans la circulation sanguine et lymphatique. En observant les débris du séquestre, les cellules lymphatiques deviennent énormes, au point de mériter le nom de cellules géantes. Il peut arriver qu'une seule cellule géante, colossale, pourvue d'un nombre considérable de noyaux, entoure un fragment de séquestre, et travaille à sa destruction(1).

Lorsque la tumeur se propage au voisinage d'un os, le périoste s'épaissit et prend la coloration rouge du système musculaire. Par dissociation, on observe des extravasations sanguines entre ses faisceaux fibreux. La moelle de l'os se vascularise, et affecte la teinte de la moelle fœtale. Le microscope y montre un nombre considérable de médullocelles, et, dans la sérosité, des microbes sous la forme de granulations. Nous n'y avons pas observé le microbe en bâtonnet.

C. *Cavité abdominale.* — Dans le cours de la maladie, certains sujets donnent des signes de coliques violentes. Chez eux, la cavité abdominale renferme une quantité variable de sérosité plus ou moins foncée. Généralement, cette sérosité contient peu de globules sanguins en suspension ; on y rencontre une petite quantité de granulations mobiles et de microbes en forme de bâtonnet.

Si une tumeur extérieure s'est étendue aux parois de l'abdomen, ou si une anse intestinale est enflammée, le péritoine présente des taches lie de vin au contact des parties malades. Nous avons trouvé les muscles de l'abdomen parfois noirâtres, parfois pâles et friables comme de la chair cuite. Dans le premier cas, du sang et des cellules lymphatiques s'étaient répandus entre les faisceaux musculaires ; dans le

____

(1) *In loco cit.*, p. 636 et suiv.

second, les lésions consistaient surtout en une dégénérescence graisseuse et cireuse des muscles.

D. *Appareil digestif.* — Souvent, chez les sujets qui succombent à des inoculations expérimentales faites dans les muscles de la cuisse, l'appareil digestif est sain. D'autres fois, surtout si l'évolution de la maladie a été un peu plus lente que d'ordinaire, cet appareil offre des lésions variées portant sur un point ou sur l'autre de son étendue.

Dans la forme *naturelle* désignée sous le nom de *glossanthrax*, nous avons trouvé les parois du *pharynx* et de l'*œsophage* noires et friables ; les lésions s'étendaient aux muscles de la base de la *langue* et au *voile du palais*. Au microscope, ces organes offraient des altérations analogues à celles que nous avons décrites à propos de l'appareil locomoteur.

Rarement, les parois des organes de la *masse gastrique* sont enflammées ; mais, fréquemment, le grand épiploon l'est à un haut degré : sa trame est infiltrée, épaissie, rouge, avec des taches plus foncées, répondant chacune à un petit foyer hémorragique. Le mésentère peut offrir de pareils désordres, mais ils y sont moins communs.

L'*intestin* est exceptionnellement rouge et épaissi dans toute sa longueur ; plus habituellement, une de ses portions seulement est malade, et celle-ci appartient à l'une quelconque des divisions du tube intestinal.

Le *foie* et la *rate*, sauf une décoloration qui est souvent la conséquence de la tympanite cadavérique, ne présentent pas de changements notables dans leur volume et leur consistance. Pourtant, ils contiennent le microbe caractéristique en abondance ; celui-ci acquiert même dans le tissu du foie une taille exceptionnelle. La vésicule biliaire est toujours remplie de bile visqueuse où nagent un grand nombre de microbes.

E. *Appareil urinaire.* — Les reins sont souvent normaux, mais quelquefois ces organes, ou seulement celui du côté où siège la tumeur, dans le système musculaire, présentent des traces d'inflammation ; leur atmosphère cellulo-adipeuse est alors infiltrée de sang, de sérosité ou de gaz. L'urine nous a paru plus claire qu'à l'état normal ; elle renferme très peu ou point de microbes.

F. *Appareil génital.*—Lorsque, chez le mâle, la tumeur siège sur les membres abdominaux, le scrotum est souvent distendu, insufflé par les gaz, et les testicules possèdent la coloration lie de vin dont nous avons parlé plus haut à l'occasion des muscles.

Chez la femelle pleine, nous avons toujours vu les placentas utérins tuméfiés, ramollis et gorgés de microbes. On lira plus loin que ces microbes sur la brebis au moins, passent facilement à travers le placenta pour se répandre dans l'organisme du fœtus.

G. *Cavité thoracique.* — On y rencontre des lésions analogues à celles de l'abdomen. Lorsque les parois de la poitrine (muscles inter-costaux et diaphragme) sont malades, la plèvre présente des plaques rougeâtres et des taches hémorragiques semblables aux plaques du péritoine. Un épanchement séro-sanguinolent est répandu entre le poumon et les parois thoraciques. Ces lésions sont surtout prononcées lorsque la tumeur siège sur l'épaule, ou bien lorsqu'on a déterminé la mort d'un sujet par l'injection d'une dose considérable de virus dans les veines.

H. *Appareil respiratoire.* — La muqueuse qui tapisse la cloison cartilagineuse des *fosses nasales*, la base des cornets et les volutes ethmoïdales, est quelquefois vivement congestionnée et même noire dans certains points. On croirait volontiers au coryza gangréneux ; mais l'examen microscopique révèle, au sein de la muqueuse, la présence du microbe du charbon symptomatique.

Chez les jeunes bovidés, le *thymus* s'est toujours montré très altéré, sa pulpe riche en microbes et très virulente.

Quant aux *poumons*, ils sont généralement engoués à la base, et parfois dans une grande étendue, lorsque la tumeur est préthoracique, ou après une injection intra-veineuse. Jamais nous n'avons observé une véritable hépatisation.

I. *Appareil circulatoire.* — Dans les conditions où les plèvres sont très malades, le *péricarde* contient de la sérosité où nagent des cellules endothéliales déformées, fusiformes, des microcoques et de rares microbes en bâtonnet. Le *myocarde* présente çà et là quelques taches hémorragiques.

L'*endocarde* est généralement coloré dans les deux cœurs, surtout vers les sommets.

Le *sang* qui remplit les cavités cardiaques et les gros vaisseaux est coagulé comme à l'état normal. La diffluence du sang est donc loin d'être un caractère du charbon symptomatique, ainsi que l'on était tenté de le croire, lorsqu'on regardait cette maladie comme l'une des formes de la fièvre charbonneuse. Histologiquement, ce liquide semble peu modifié; les globules ne sont point déformés. Le spectroscope démontre qu'il possède les mêmes propriétés optiques que chez les sujets sains.

Pendant la vie, le sang des animaux atteints de charbon symptomatique renferme, outre l'azote et l'acide carbonique, des gaz non absorbables par la potasse et l'acide pyrogallique, qui, probablement, présentent la même origine que les gaz de la tumeur symptomatique.

Effectivement nous avons analysé les gaz contenus dans le sang artériel de deux moutons qui étaient sur le point de mourir des suites d'une inoculation.

Les résultats que nous avons obtenus sont assez divergents.

Dans un cas, une demi-heure avant la mort, nous avons trouvé dans 100 volumes de sang :

Co².	58,4
O	20,0
Résidu	9,2

Dans l'autre, trois heures avant la mort :

        Co². 83,2
        O. 11,6
        Résidu. . . . . 3 »

On est frappé de trouver dans ces deux analyses un résidu si considérable et surtout de constater une si grande différence, sous ce rapport, entre les deux résultats. Évidemment ces chiffres représentent plus que l'azote qui existe dans le sang en toutes circonstances. Mais, comme le mouton qui a fourni le plus fort résidu présentait une grande quantité de gaz entre les faisceaux musculaires de la tumeur, tandis que celui qui a fourni le plus faible résidu avait une tumeur presque sans gaz, nous inclinons à croire que le sang se charge de l'hydrogène carboné qui prend naissance dans les tissus, sous l'action fermentescible du microbe.

D'ailleurs l'appareil circulatoire en entier peut se remplir de gaz après la mort. En pareil cas, le microbe abonde au milieu du sang.

J. *Système lymphatique.* — La plupart des ganglions lymphatiques sont malades. Ceux du côté où siège la tumeur sont beaucoup plus rouges, plus hyperhémiés, plus infiltrés que ceux du côté opposé. Quand il y a glossanthrax, les ganglions sous-maxillaires, pharyngiens, auriculaires, rétro-pharyngiens sont très gros, rouges foncés ; les glandes salivaires qui les avoisinent participent à leur inflammation. Quand le poumon est malade, les ganglions médiastinaux sont enflammés. Rarement les ganglions mésentériques sont hyperhémiés; ils conservent leur couleur et leur volume habituels, bien que le microscope ou l'inoculation les montrent envahis par l'agent infectieux.

K. *Microbes.* — La tumeur, la sérosité environnante, les organes malades et même le sang renferment des microbes qui sont les agents de la virulence. (V. fig. 1, 2, 3, de la planche.)

Le sang est le plus souvent très pauvre en microbes pendant la vie des malades, comme le démontrent les inoculations. Mais, après la mort, et surtout plusieurs heures après la mort, il se peuple abondamment d'organites microscopiques qui s'offrent à l'observateur sous les deux formes suivantes : 1° Celle de *microcoques*, souvent très pâles, et, par suite, difficiles à voir au sein du plasma ; leur présence est principalement révélée par les ébranlements qu'ils communiquent aux hématies en s'agitant au sein du véhicule ; on peut les mettre plus nettement en évidence à l'aide du bleu d'aniline associé à une solution potassique, ou de la vésuvine, etc. Ces corpuscules mesurent environ $0^{mm},0002$ de diamètre. 2° Celle de *bactéries* longues de $0^{mm},005, 0^{mm},008$, larges de $0^{mm},001$, homogènes, douées d'une grande mobilité. Ce microbe allongé monte et descend avec agilité dans la couche de liquide qui compose la préparation microscopique, s'infléchit en arc ou en S, pirouette sur lui-même de manière à se présenter dans le sens de sa longueur, ou obliquement, ou par l'une de ses extrémités. Il change donc d'aspect, pour ainsi dire, à vue d'œil.

Ces deux formes se rencontrent dans la sérosité des œdèmes qui avoisinent les tumeurs musculaires ; elles y sont en plus grande quantité que dans le sang, et associées à une troisième forme, celle d'une bactérie pourvue d'un corpuscule brillant ou d'une spore à l'une des extrémités.

Le bactérien nucléé mesure de $0^{mm},005$ à $0^{mm},010$ de longueur, sur $0^{mm},0011$ et $0^{mm},0013$ de largeur ; le corpuscule brillant occupe environ le 1/3 de la longeur. Il est moins mobile que le bactérien homogène, se déplace en oscillant, sans jamais s'infléchir en arc ou en S. Lorsqu'il est très volumineux, il est quelquefois pourvu d'un corpuscule à chaque extrémité.

Nous savons que ce microbe est très abondant dans le tissu conjonctif et dans le sang répandus entre les faisceaux primitifs contractiles; il pénètre même à l'intérieur de ceux-ci, à la faveur des déchirures du sarcolemme, de la fragmentation du contenu et de leurs mouvements. Il en résulte qu'il est difficilement entraîné par la sérosité qui s'écoule d'une petite blessure faite aux tumeurs. Si on veut l'obtenir pour l'étudier ou l'inoculer, il faut l'extraire par raclage ou par trituration du tissu conjonctif inter et intra-musculaire où il est en quelque sorte cantonné. On le retrouve avec les mêmes caractères dans les parenchymes, foie, rate, rein, poumon et dans les glandes lymphatiques.

Sous la forme de bâtonnet, le microbe du charbon symptomatique est toujours facile à étudier. Néanmoins, on emploiera avec avantage les matières colorantes, telles que la solution aqueuse de violet de méthylaniline, la solution potassique et alcoolique de bleu d'aniline, la solution aqueuse de vésuvine, l'éosine. En présence de ces réactifs, les microbes se colorent; mais ils ne sont pas tués immédiatement; on les voit se mouvoir dans les préparations longtemps après l'imprégnation; il faut faire exception pour l'éosine, qui suspend promptement les signes de vitalité chez ce microbe.

Si l'on fait une simple dissociation de l'œdème et que, dans le but de la conserver, on l'additionne de glycérine, non seulement les bactéries continuent à s'y mouvoir, mais ils s'y segmentent, et, au bout de un à deux jours, ils sont remplacés par des corpuscules mobiles.

Pour conserver les microbes en préparations microscopiques, on peut substituer la glycérine à la matière colorante, après vingt-quatre heures d'imprégnation ; ou bien employer le procédé suivant, indiqué par M. Cornil : dissocier une parcelle d'œdème musculaire sur une plaque de verre, colorer, laisser sécher à l'air, passer dans la flamme d'une lampe à alcool, ajouter une goutte de baume du Canada, puis recouvrir d'une mince lamelle. On obtient de la sorte des préparations persistantes.

Nous recueillons de très bons résultats d'une méthode qui consiste à étendre une goutte de suc musculaire ou de sérosité sur une lame de verre, où on la laisse se dessécher ; on recouvre d'une petite quantité de solution alcoolique concentrée de violet d'aniline pendant 10 à 15 minutes ; on lave à l'eau ordinaire ; on fait sécher une seconde fois, puis on monte dans le baume du Canada.

CHAPITRE III

INOCULABILITÉ DU CHARBON BACTÉRIEN ET NON-RÉCIDIVE
MÉCANISME DE L'INFECTION — APPLICATIONS A L'INTERPRÉTATION
DES FAITS CLINIQUES ET A L'ÉTIOLOGIE

La maladie qui fait l'objet de ce travail étant très bien définie par ses symptômes et ses lésions, nous allons aborder la partie expérimentale de nos études.

Article premier

INOCULABILITÉ

Une des questions les plus importantes à résoudre, parmi celles que nous nous proposons d'examiner, est assurément celle de l'inoculabilité, car elle se pose au premier rang, aujourd'hui, chaque fois qu'il s'agit d'une maladie infectieuse dont les agents de propagation renaissent pour ainsi dire de leurs cendres indéfiniment.

§ 1

Conditions à remplir pour inoculer cette maladie

Le charbon bactérien est inoculable; mais les nombreuses expériences que nous avons faites nous ont démontré que l'on peut échouer dans sa transmission artificielle pour les cinq motifs suivants :

1° Parce que l'on ne choisit pas, pour faire les inoculations, des sujets parmi les espèces aptes à prendre cette maladie ;

2° Parce que, dans l'une des espèces aptes à l'évolution de la maladie, les sujets ont un âge qui diminue leur réceptivité ;

3° Parce qu'on ne va pas chercher la matière infectieuse chez les malades, là où l'on est sûr de la recueillir ;

4° Parce que l'on n'emploie pas une dose suffisante de matière infectieuse, en égard à son activité.

5° Parce qu'on inocule le virus dans une région peu favorable à sa multiplication.

A. — Au début de nos recherches, sous l'empire des idées régnantes sur la nature du charbon symptomatique, nous expérimentions sur le *lapin*. Or, après un grand nombre de tentatives d'inoculation toutes infructueuses, nous étions sur le point de proclamer la non-inoculabilité de cette maladie, et nous l'aurions fait si nous n'eussions connu les expériences de M. Chauveau et de quelques autres expérimentateurs qui avaient appris que toutes les espèces sont loin de présenter la même réceptivité pour une matière virulente donnée. Nous choisîmes donc nos sujets parmi d'autres espèces, et nous acquîmes rapidement la certitude que le charbon symptomatique se communique facilement par inoculation au *bœuf*, au *mouton*, à la *chèvre*, au *cochon d'Inde*.

L'organisme des trois premiers de ces animaux constitue les milieux les plus aptes à l'évolution de la maladie. Le cochon d'Inde est encore une espèce favorable et l'expérimentateur peut, en raison de la modicité de son prix, en user largement pour éprouver et entretenir la matière infectante ; pourtant il ne faudrait pas le comparer au bœuf et au mouton, car, à la longue, la matière infectieuse s'épuise partiellement en passant dans l'organisme du cochon d'Inde. Il nous est arrivé, dans ces conditions, de causer seulement au point inoculé une tuméfaction énorme qui s'est terminée par l'ouverture spontanée d'abcès et de conférer l'immunité.

Le *rat blanc*, l'*âne* et le *cheval* résistent ordinairement aux inoculations du charbon symptomatique ; ils ne gagnent que des engorgements locaux qui disparaissent au bout de quelques jours, en laissant un abcès circonscrit ou un séquestre très petit.

Nous regrettons de ne point avoir pu faire jusqu'à présent d'inoculations sur le poulain et d'avoir été forcés de nous adresser à de vieux équidés, ânes et chevaux. Nous avons déjà dit que dans l'espèce bovine les sujets de six mois à quatre ans étaient plus particulièrement aptes à contracter la maladie. Une observation recueillie par l'un de nous, nous fait vivement désirer de pouvoir expérimenter sur de jeunes chevaux. Un poulain sevré, laissé depuis quelques mois en liberté dans un pâturage du Bassigny, présenta vers le milieu de la fesse une tumeur accompagnée d'une boiterie intense, tumeur qui acquit promptement des dimensions considérables et envahit toute la fesse et la croupe ; elle était crépitante, sonore et une petite incision en fit échapper des gaz. La mort arriva bientôt et l'examen de la tumeur la montra formée de muscles noirs qui, triturés, donnèrent une pulpe où se voyaient de nombreux organismes en bâtonnets. Un accident empêcha malheureusement de faire l'inoculation de cette pulpe.

D'autre part, comme ce cas est le seul que nous ayons observé dans un pays où les jeunes bovidés succombent en très grand nombre, nous nous tenons sur la réserve. Il nous est donc permis seulement de soupçonner que l'espèce chevaline est probablement douée d'une très faible réceptivité pour le charbon bactérien, comme l'espèce canine, par exemple, pour le charbon bactéridien. Mais dans ces deux espèces, on rencontre des conditions individuelles qui ne sont point encore déterminées, où cette immunité peut être vaincue, soit parce qu'elle est diminuée, soit parce que le virus est doué d'une très grande puissance d'action, soit parce qu'il rencontre, en entrant dans l'économie, un organe qui lui est favorable et où il commence à pulluler, de sorte que l'infection générale s'effectue comme si l'inoculation avait lieu à dose massive.

Le *porc*, le *chien*, le *chat*, le *rat d'égout*, le *canard* et la *poule* nous ont paru absolument hors des atteintes de la maladie.

Il est généralement admis que le charbon décime l'espèce porcine. Dans les *Traités* spéciaux de Pradal, de Viborg, de Bénion, de G. Heuzé, on décrit la gastro-entérite charbonneuse, la fièvre charbonneuse, le typhus charbonneux et d'autres formes des affections carbunculaires, telles que le glossanthrax, l'estranguillon et l'esquinancie charbonneuse du porc.

Pourtant, dès 1847, Roche-Lubin avait déjà fait une restriction; il avait écrit que les porcs résistent à l'inoculation du virus charbonneux quand il est puisé sur des animaux d'autre espèce que la leur.

A la suite de ses expériences, Renault, de son côté, a conclu à l'inaptitude du porc à contracter le charbon par ingestion des viandes provenant de cadavres charbonneux; mais il n'a pas entraîné toutes les convictions car, depuis, des vétérinaires ont publié des observations où ils affirment la possibilité de la transmission par cette voie [1].

L'influence des idées régnantes était telle que, en 1860, Leisering ayant observé une épizootie sur des porcs, la déclara de nature carbunculaire, et comme il ne trouvait pas le *B. anthracis* dans le sang, il en vint même à conclure que le charbon pouvait exister sans microbes et que ceux-ci n'en étaient nullement la condition nécessaire [2].

---

[1] Dus. *Recueil de Médecine vétérinaire.* année 1875; Nocard, *Bulletin de la Société centrale vétérinaire.* 1883, p. 164.

[2] Leisering, *Bericht über das Veterinärwesen im Königr. Sachsen,* 1860.

L'incertitude continuait donc à planer sur cette question de réceptivité, et il était nécessaire de l'aborder par le côté expérimental, en distinguant le *charbon bactérien* du *charbon bactéridien* ou sang-de-rate. C'est ce que nous avons fait.

Le porc résiste complètement à l'inoculation du virus du charbon bactérien. Nous avons profité des nombreux sujets que renferme la porcherie de la ferme expérimentale de l'École vétérinaire, pour multiplier et varier nos essais. Nous avons fait plus de vingt inoculations sur des porcs bressans, dauphinois, yorkshires, berkshires et essex, mâles et femelles; nous avons pris des animaux de tout âge, des porcelets âgés de quinze heures seulement et des truies de deux ans; nous leur avons inoculé des doses de virus bien supérieures à celles qui tuent des veaux et des moutons, sans causer quoi que ce soit d'appréciable. Les animaux ne semblaient pas s'apercevoir de l'introduction dans leurs tissus d'un agent si terrible pour les sujets des espèces bovine et ovine et pour le cobaye.

Nous avons recherché également si le porc est apte à gagner le sang-de-rate par inoculation expérimentale, et nous avons vu qu'il n'en est rien.

M. Toussaint rapporte qu'il a essayé, dans une dizaine de cas, des inoculations à cet animal, sans produire autre chose qu'un accident local dans lequel la bactéridie se détruit, car l'inoculation des liquides de cet accident au lapin, n'a provoqué aucun phénomène anormal [1].

Brauell [2] dit également qu'il n'a jamais pu communiquer le sang-de-rate au porc.

De notre côté, nous avons inoculé, à la lancette et par injections sous-cutanées, des porcelets avec des bactéridies très actives, sans succès.

---

[1] *Loco citato*, page 86.
[2] *Versuche betreffend den Milzbrand und den Rothlauf der Schweine*, Œsterr. Vierteljahrsschrf. f. Wissench, 1865.

Nous souvenant que les animaux quasi-réfractaires au sang-de-rate, comme le chien, peuvent prendre une maladie mortelle par l'insertion directe du virus dans le sang, nous entreprîmes une injection intra-veineuse sur un jeune porc. La rate d'un cobaye mort du charbon et chargée de bacilles, fut écrasée dans un mortier; on ajouta quelques gouttes d'eau à la pulpe et on la jeta sur un filtre en toile batiste. Le produit filtré était extrêmement riche en agents virulents; on en poussa 1 centimètre cube dans la veine jugulaire. Le lendemain on crut noter un peu moins de gaieté et de pétulance, mais ce fut là tout ce que l'on put constater.

Nous concluons donc à l'inaptitude du porc à gagner le charbon bactérien et le sang-de-rate, et nous pensons que les cas d'intoxication qui ont été rapportés doivent être attribués à un agent autre que la bactéridie charbonneuse et le microbe du charbon symptomatique. Nous dirons même que des microbes voisins, celui de la septicémie gangréneuse, par exemple, se développent très bien sur l'espèce porcine, et amènent une terminaison qui a toujours été fatale entre les mains de MM. Chauveau et Arloing.

Nous avons aussi étudié l'action du virus du charbon bactérien sur des *animaux à sang froid* et nous sommes arrivés, comme on va le voir, à des résultats très curieux.

Si l'on pousse sous la peau ou dans les muscles de la cuisse d'une grenouille un peu de virus frais, ce petit animal n'en paraît ressentir ni immédiatement, ni dans la suite, aucun effet; il continue à vivre de sa vie ordinaire dans l'aquarium et une observation attentive ne permet pas de percevoir le moindre signe de malaise. Pourtant les microbes ont quelque action locale, car si l'on tue la grenouille, le lendemain ou le surlendemain, les muscles de la cuisse, à l'endroit où a été effectuée l'inoculation, présentent une teinte lie de vin toute particulière. Ces mêmes microbes, emportés sans doute par les courants de diffusion et par la circulation lymphatique, se répandent dans tout le corps; on les retrouve partout, sous la peau, dans les muscles éloignés du point d'inoculation; ils affectent la forme de bactéries qui deviennent d'autant plus rares qu'on s'éloigne davantage du moment de l'injection, et de granulations qui suivent une marche inverse.

Qu'on ampute le bras d'une grenouille qui a reçu du virus à la cuisse, qu'on en broie les muscles avec quelques gouttes d'eau, et qu'on inocule à un animal, cobaye ou mouton, le liquide extrait de la pulpe ainsi préparée, on communiquera le charbon symptomatique.

La transmission se fera sûrement, si l'on prend des muscles sur une grenouille inoculée depuis un à cinq jours. Du cinquième au douzième jour la transmission est fort irrégulière, et les résultats plus souvent négatifs que positifs; à partir du quinzième jour, et bien que l'examen du liquide des sacs lymphatiques continue à montrer un très grand nombre de granulations, l'inoculation reste infructueuse. Mais que l'on use d'un artifice; que l'on place la grenouille inoculée dans une étuve à 22°, les microbes reprennent leur activité et la tuent de la quinzième à la trentième heure. Le liquide des sacs lymphatiques ou celui préparé avec les muscles communique un charbon mortel aux animaux à sang chaud doués de réceptivité, et, inoculé à d'autres grenouilles, il reproduit la série des phénomènes que nous venons d'indiquer. Nous allons citer quelques-unes de nos expériences :

23 décembre 1881. — Nous poussons dans la cuisse de quelques grenouilles 5 gouttes de liquide de pulpe charbonneuse provenant d'un cobaye. Quatre jours après, le 27, nous tuons une des grenouilles inoculées, nous raclons la sérosité de ses sacs lymphatiques, nous l'additionnons d'un peu d'eau distillée et nous obtenons un liquide riche en bâtonnets courts et en granulations qui est inoculé séance tenante à un cobaye. Mort de ce cobaye le 29 au matin, avec tumeur charbonneuse très noire.

30 décembre 1881. — Ce jour, nous prenons une des grenouilles inoculées sept jours auparavant, le 23. Nous la tuons et préparons comme précédemment, avec la sérosité lymphatique, un liquide que nous inoculons à un cobaye et à une grenouille. Ni l'un ni l'autre de ces animaux ne présentent consécutivement de symptômes appréciables de maladie.

18 janvier 1882. — Nous prenons la grenouille inoculée le 30 décembre (comme il vient d'être dit dans l'expérience précédente), avec du virus que nous appellerons de deuxième génération, puisqu'il provenait déjà d'une grenouille, et nous la plaçons avec une autre grenouille vierge de toute inoculation qui doit servir de témoin, dans un vase contenant de l'eau, déposé dans une étuve maintenue à 22°. Le lendemain matin, la grenouille inoculée meurt, tandis que sa compagne continue à être fort vigoureuse dans l'eau tiède où elle est plongée. Pour fournir à preuve que ce n'est pas la température qui a tué la grenouille inoculée, on laisse dans l'étuve celle qui sert de témoin encore trente heures après la mort de la première ; elle en sort toujours vigoureuse.

L'ouverture de la grenouille qui a succombé ne montre pas de tumeur, mais le liquide des sacs lymphatiques est fort riche en granulations très brillantes. On l'inocule immédiatement à deux animaux à sang chaud, le *chien* et le *cobaye*, dont l'un est apte à l'évolution du charbon bactérien, tandis que l'autre ne l'est pas, afin de bien se rendre compte que l'on a affaire au microbe du charbon et non à un agent septique qui agit rapidement sur le chien. Dix-huit heures après l'injection, le cobaye meurt avec une tumeur typique à la cuisse inoculée. Après avoir boité assez fortement dans la journée de l'inoculation, le chien retrouve dès le lendemain sa pétulance, son appétit, et toute trace de boiterie a disparu.

B. — L'observation clinique a appris depuis longtemps que dans l'espèce bovine où le charbon bactérien évolue naturellement et spontanément (en opposant cette dernière expression à sa production expérimentale), les jeunes sujets à la mamelle ou sevrés depuis peu, soit de la naissance au cinquième mois environ, ne sont pas attaqués par la maladie dans les étables ou les pâturages.

Quelle est la cause de cette immunité ? Est-ce un legs héréditaire, transmis par une mère jouissant elle-même de l'immunité ? Est-ce une conséquence du jeune âge, ou en termes plus précis, le résultat de l'alimentation spéciale et de l'état des tissus et des humeurs organiques pendant cette période de la vie ?

L'expérimentation nous a appris que les deux causes sont agissantes. Quand nous parlerons des moyens de conférer l'immunité et des résultats acquis, nous mettrons la première en évidence.

La seconde doit aussi être invoquée, indépendamment de toute immunité ancestrale.

Pour nous en assurer, nous nous sommes adressés à des sujets de provenances les plus diverses, originaires de différentes localités de la France, de la Suisse et de l'Italie.

Nos expériences sur ce point spécial ont porté sur un total de dix-sept veaux, âgés de six jours à trois mois environ et appartenant aux races ou variétés charollaise, bressane, femeline, auvergnate, de Schwitz et piémontaise. Elles nous ont appris qu'on peut impunément pousser dans les muscles d'un veau 1, 2, 3, 4, 5 et 6 gouttes de virus frais, extrêmement actif, comme le prouvait la mort de sujets témoins, choisis dans d'autres conditions d'âge ou d'espèce. Ces mêmes quantités inoculées à des bovidés plus âgés et souvent dix fois plus lourds, les tuent dans la proportion de 90 0/0. Parfois ces inoculations n'ont aucun effet appréciabl ; d'autres fois, une légère boiterie, une élévation de température variant de 0°,2 à 1° en furent les conséquences. Ceci nous est déjà une indication que le défaut de réceptivité des veaux n'est pas absolu ; effectivement, si l'on dépasse les quantités indiquées, on peut arriver à produire une tumeur mortelle.

Dans nos expériences, nous avons vu qu'avec 7 à 10 gouttes de virus, on peut tuer les veaux de leur naissance au quinzième jour environ ; il en faut de 10 à 20 gouttes pour les sujets de quinze jours à trois mois.

Nous avons démontré d'une autre manière la faible réceptivité de ces petits animaux. Le virus naturel — nous développerons ceci plus loin — introduit dans les veines et le virus atténué déposé sous la peau des bœufs leur communiquent une maladie légère, ébauchée, mais suffisante pour les mettre à l'abri des atteintes ultérieures du charbon. Or, l'inoculation préventive des veaux par l'une ou l'autre méthode ne les vaccine pas. Voici deux des expériences faites à ce propos :

Le 4 août 1882, un veau de cinquante-deux jours reçoit 4 gouttes de virus frais dilué dans 40 gouttes d'eau qu'on insère dans le tissu cellulaire de la queue. Ni le lendemain, ni les jours suivants, ce petit sujet ne présente d'élévation de température, de tristesse et d'inappétence.

Le 11 mars 1883, ce même veau, alors âgé de neuf mois, reçoit 5 gouttes de virus à la fesse, afin de se rendre compte s'il possède ou non l'immunité. Il succombe vingt-quatre heures après, en présentant une tumeur charbonneuse énorme.

Le 8 septembre 1882, on pratique une injection intra-veineuse de 4 gouttes de virus frais dans la jugulaire d'une vêle de trente-quatre jours. Le lendemain et jours suivants rien d'appréciable, ni d'anormal, la température vespérale s'est constamment maintenue à 39°1, et la température matinale à 38°9.

On éprouve cette bête le 16 *mars* 1883, alors qu'elle est âgée de sept mois et huit jours, en lui poussant 5 gouttes de virus dans la cuisse; comme la précédente, elle meurt dans les vingt-quatre heures en présentant une belle tumeur.

Les inoculations pratiquées sur les veaux de lait n'ont donc généralement pas d'action préventive, ce que, d'ailleurs, nous avions déjà remarqué en examinant les résultats des vaccinations faites par nous dans les campagnes. Nous tirerons plus loin les conséquences de cette constatation, au point de vue de la pratique des vaccinations.

Mais cette faible réceptivité pour le virus bactérien que nous constatons sur nos veaux d'expérience, est-elle bien le résultat de l'âge? Ne peut-elle point être attribuée à l'individualité des sujets et le hasard n'a-t-il point fait que nous soyions précisément tombés sur des réfractaires ? L'observation clinique, d'une part, et le nombre de nos sujets d'expérience, d'autre part, repoussent déjà cette supposition. L'expérimentation nous en a également démontré le peu de fondement :

Le 22 juin 1882, un très beau veau fribourgeois, âgé de vingt jours et pesant 70 kilos, reçoit 6 gouttes de virus frais dans la cuisse. Aucun effet ; sa température reste le lendemain et le surlendemain à 39°3, c'est-à-dire ce quelle était au moment de l'inoculation. Le 25, on lui pousse 10 nouvelles gouttes de virus dans l'autre cuisse, et toujours sans résultat. Il va de soi qu'on s'est assuré de l'activité du virus employé par des inoculations de contrôle.

Le 14 janvier 1883, ce bouvillon, alors âgé de sept mois et douze jours, reçoit 6 gouttes de virus frais dans la cuisse ; il succombe à la trentième heure au charbon bactérien en présentant une tumeur énorme au membre inoculé.

Nous nous croyons donc autorisés à conclure que dans l'espéce bovine, une immunité relative vis-à-vis du charbon bactérien est l'apanage du jeune âge. Il nous semble probable que le régime animal auquel est soumis le veau à la mamelle et pendant le sevrage, lorsqu'il se nourrit aux dépens de sa propre substance, intervient pour une large part dans ces résultats, puisque l'immunité diminue et disparaît à mesure que les jeunes bovidés deviennent franchement herbivores.

Ces conclusions ne s'appliquent qu'aux veaux et nullement aux jeunes cobayes dont la susceptibilité nous a paru très grande dans l'extrème jeunesse. D'ailleurs, on sait que le jeune cobaye est très rapidement herbivore.

Est-il nécessaire de rappeler ici que si le jeune âge est par lui-même une cause prédisposante pour bon nombre de maladies virulentes ou parasitaires, il est, au contraire, une cause d'immunité pour quelques affections. La fièvre typhoïde s'attaque rarement aux enfants, et quand la maladie se présente, elle est bénigne.

La péripneumonie contagieuse des bêtes bovines paraît présenter quelque chose d'analogue à ce que nous avons constaté pour le charbon. M. Willems, l'auteur du procédé d'inoculation préventive de la péripneumonie dit, en effet, dans le premier mémoire qu'il publia : « Le virus inoculé à plusieurs veaux depuis l'âge de quelques jours jusqu'à celui de six mois, n'a pas présenté des phénomènes morbides apparents. Quelle en est la cause? Je l'ignore. Parmi ces veaux, il y en a auxquels j'ai inoculé le virus jusqu'à trois fois (1). » Il est vrai que dans une lettre adressée plus tard au *Moniteur agricole*, M. Willems recommande d'inoculer préventivement les jeunes animaux de préférence aux adultes. Mais il ne spécifie point si, par jeunes, il entend les animaux âgés de plus ou de moins de six mois, et dans la dernière hypothèse, il ne fait pas connaître les motifs qui auraient pu le pousser à abandonner l'opinion qu'il avait émise antérieurement.

Si de la naissance au cinquième mois, les jeunes sujets de l'espèce bovine sont peu exposés aux atteintes du charbon bactérien, il en est de même des individus âgés de plus de quatre ans, élevés dans des régions où règne constamment la maladie.

Dans le Bassigny, où l'affection est très commune, cette particularité n'a point échappé aux propriétaires : ils estiment même que, passé l'âge de quatre ou cinq ans, les bœufs sont peu ou point exposés à contracter le charbon symptomatique. L'un de nous est en mesure d'affirmer que cette conviction repose sur un fait réel, car depuis plus de seize ans qu'il exerce la médecine vétérinaire à Dammartin (Haute-Marne), il n'a jamais vu le charbon atteindre un animal adulte né et élevé dans le pays.

(1) Mémoire sur la pleuro-pneumonie épizootique du gros bétail, adressé à M. le Ministre de l'intérieur de Belgique. *in Recueil de médecine vétérinaire* 1852, p. 400 et suiv.

Cette immunité est non moins remarquable que celle des jeunes veaux et méritait que nous l'examinions à son tour. Serait-ce également un privilège de l'âge, un effet des modifications que l'organisme a subies lorsqu'il est parvenu à l'état adulte ?

Cette hypothèse, vraisemblable pour quelques maladies, particulièrement pour les affections épizoïques, ne peut guère être acceptée pour le charbon bactérien, parce que le privilège en question n'appartient ici qu'aux adultes élevés dans les localités à charbon. En Algérie, où les animaux sont conduits des plateaux au littoral méditerranéen, séjournant fort peu de temps chez les divers propriétaires, le charbon bactérien fait des victimes de tout âge. Dans le Bassigny même, un cas de charbon s'est présenté le 26 novembre 1878 sur une vache de six ans : mais une enquête a appris que cette bête avait été récemment importée de Collonges, canton de Mirebeau (Côte-d'Or), où la maladie est très rare, sinon inconnue.

Étant donné que l'immunité n'est acquise qu'aux adultes élevés dans les milieux infectés, il nous paraissait logique d'abandonner la précédente hypothèse et d'assimiler cette immunité à celle que l'on peut donner artificiellement par l'inoculation d'une dose infinitésimale d'agents infectieux. Autrement dit, nous supposons que la plupart des jeunes animaux qui vivent dans un milieu infecté, s'inoculent spontanément avec des doses très diverses de virus ; ceux qui s'inoculent une dose forte contractent une maladie mortelle, tandis que ceux qui s'inoculent une dose minime prennent une maladie bénigne, avortée, suffisante toutefois pour leur conférer une immunité d'abord légère, mais susceptible d'être renforcée par des inoculations ultérieures, si bien que lorsqu'ils sont arrivés à l'âge adulte, après avoir traversé mille dangers, ils possèdent une immunité plus ou moins grande, proportionnelle à l'imprégnation virulente qu'ils auront éprouvée.

Pour soumettre cette interprétation au contrôle de l'expérimentation directe, nous nous sommes procurés les animaux suivants :

1° Une vache âgée de dix ans appartenant à M. Cornuel, propriétaire à Avrecourt (Haute-Marne) qui, en quatorze ans, perdit treize jeunes bêtes du charbon symptomatique.

2° Une seconde vache âgée de neuf ans, née et élevée dans une étable véritablement *maudite*, celle de M. Michaut, propriétaire à Meuse (Haute-Marne).

3° Une autre vache âgée de neuf ans que nous allâmes chercher à quatre kilomètre de Gray (Haute-Saône), dans la ferme de Chamois, où le charbon symptomatique ne s'est pas montré depuis au moins dix-huit ans.

Ces trois animaux furent inoculés au mois de juillet dernier dans le tissu cellulaire avec la même dose de virus extrait d'une tumeur charbonneuse.

Conformément à nos prévisions, les deux animaux adultes choisis dans les étables maudites, sortirent de l'épreuve sains et saufs, tandis que la vache de Gray succomba cinquante et une heures après l'inoculation avec tous les signes du charbon bactérien.

Les vaches Michaut et Cornuel furent inoculées une seconde fois en septembre comparativement avec un jeune bouvillon de six mois, elles supportèrent bien cette deuxième épreuve, au contraire le bouvillon mourut.

Nous croyons qu'en rapprochant le résultat de ces expériences des faits que les praticiens recueillent chaque jour, on peut conclure que l'immunité dont il est question dans cette note se rattache à des inoculations ou vaccinations spontanées. Il n'est même pas nécessaire, on le conçoit, que les animaux parviennent jusqu'à l'âge adulte pour acquérir les conditions de résistance au fléau; nous avons rencontré dans le Bassigny des sujets déjà réfractaires à l'âge de deux ans et demi.

Il nous semble que notre conclusion sur la nature de la résistance des adultes à l'infection charbonneuse présente un grand intérêt au point de vue de la médecine générale. On comprend que nous voulons parler de l'immunité relative dont jouissent un grand nombre d'individus, adultes ou âgés, ou certains groupes d'individus, ou même certaines peuplades, journellement exposées aux causes d'infections au milieu de foyers épidémiques ou endémiques, immunité dont on voit tant d'exemples.

C. — Les insuccès peuvent être le résultat de l'emploi d'une humeur de l'économie dépourvue de virulence ou contenant les agents de la contagion en si petite quantité que quelques gouttes cessent d'être nocives pour devenir vaccinales. L'examen microscopique et l'inoculation nous ont donné les résultats suivants :

Bile. — Le plus riche en bactéries spécifiques des liquides de l'organisme. — Elles y sont remarquables par leurs grandes dimensions et la rapidité de leurs mouvements. Il y en a peu de nucléées. L'inoculation de quelques gouttes de bile provenant d'un sujet qui a succombé au charbon a reproduit invariablement la maladie et tué en moins de vingt-quatre heures.

Humeurs aqueuse et vitrée. — Très peu virulentes; se sont montrées inactives ou ont conféré l'immunité, comme il sera dit au chapitre de la vaccination, par suite de l'extrême dilution du virus dans les liquides de l'œil.

Urine. — Extraite de la vessie d'une victime du charbon avec les précautions nécessaires pour éviter toute contamination et quelques instants après la mort, l'urine inoculée n'a jamais, dans aucun de nos essais, communiqué le charbon ni conféré l'immunité. Que la tumeur ait siégé à la cuisse ou à l'épaule, le résultat a toujours été le même. Nous en concluons donc que, dans les cas observés par nous, le filtre rénal s'est opposé au passage de l'agent virulent. En est-il toujours de même ? Il est possible que lorsque la tumeur siège sur les lombes et attaque les psoas, le rein soit envahi par le microbe et que l'agent virulent passe dans l'urine; mais nous ne nous sommes jamais trouvés en présence de cas semblables.

Liquide amniotique. — Très riche en bactéries chez la

brebis; très virulent; son inoculation a invariablement tué. Ce fait est à rapprocher du passage du microbe de la mère au fœtus, dont nous parlerons plus loin.

Sérosité. — La sérosité des œdèmes qui entourent les tumeurs charbonneuses, celle du péritoine et du thorax ont un degré de virulence variable. Souvent elles sont pauvres en microbes et peu actives ; parfois elles ont tué assez rapidement.

Sang. — Ce n'est qu'au dernier période de la maladie que le sang devient virulent et inoculable. Au début, il se montre inactif et cette circonstance a failli nous égarer lors de nos premières recherches ; mais la transfusion opérée quatre heures avant la mort a communiqué une tumeur symptomatique au sujet qui a reçu le sang. On verra ultérieurement comment l'agent de la virulence se comporte quand il est introduit dans le torrent circulatoire.

Pulpe musculaire. — Le produit le plus sûr pour les inoculations est celui que l'on obtient par raclage ou trituration des infarctus musculaires. Pour préparer un excellent liquide d'inoculation, nous prenons une certaine quantité des tissus les plus noirs de la tumeur, nous la divisons en fragments très petits et nous l'arrosons avec la moitié de son poids d'eau ; nous triturons le tout dans un mortier, puis nous exprimons dans un sachet de toile forte ; le produit est filtré de nouveau à travers quatre ou six doubles de toile batiste très fine, préalablement mouillée ; le liquide sanguinolent que l'on obtient ne contient aucune particule embolique et peut être inoculé par toutes les voies, y compris la voie veineuse.

D. — La quantité de matière infectieuse nécessaire pour produire une inoculation positive, variable suivant l'activité de cette matière, doit être, dans tous les cas, relativement assez grande.

Souvent, nous avons tenté de communiquer le charbon symptomatique à des animaux qui y sont très sensibles par des inoculations à la lancette. Nous avions longtemps échoué, lorsque M. Chauveau nous a rendus témoins d'un cas d'infection générale obtenue sur le cochon d'Inde par ce procédé. L'inoculation avait été faite par trois piqûres à l'oreille, à l'aide d'un scalpel chargé de la pulpe d'un ganglion lymphatique du pli de l'aine d'un mouton qui venait de succomber à une tumeur développée sur l'un des membres abdominaux. Nous avons répété ces inoculations avec des produits infectieux pris dans plusieurs organes; jusqu'à présent, elles n'ont été fructueuses que dans un petit nombre de cas et lorsqu'elles étaient faites avec la pulpe des ganglions malades.

Il est nécessaire de poursuivre ces expériences, afin de déterminer les conditions dans lesquelles les produits virulents du charbon symptomatique ont assez d'activité pour infecter après une simple inoculation à la lancette. Toutefois, au point où elles en sont, elles prouvent que dans la plupart des cas, si l'on veut réussir à inoculer le charbon symptomatique, il faut insérer dans les tissus une quantité de virus plus considérable que celle que l'on introduit avec la lancette qui, pourtant, est suffisante pour transmettre la plupart des maladies virulentes. On verra plus loin quel parti nous avons tiré des inoculations à petites doses ou avec des liquides dilués pour la pratique des vaccinations.

E. — Lorsque, dans une contrée où le gros bétail est décimé par le charbon bactérien, on note avec précision sur chaque malade, le lieu d'apparition des tumeurs, on constate que jamais elles ne se montrent à l'extrémité inférieure des membres (à partir du genou ou du jarret) non plus qu'à la queue, bien que ces parties du corps, en raison de leur situation, soient les plus exposées à recevoir directement le virus par blessure ou piqûre. La queue, en particulier, est fréquemment déchirée par les chiens qui s'acharnent après elle.

Cette observation nous a engagés à rechercher expérimen

talement ce qui se passe dans le cas d'insertion directe du virus dans ces parties, à voir, puisqu'il ne pullule pas sur place, s'il est détruit ou s'il est entraîné, totalement ou partiellement, dans le reste de l'organisme pour y proliférer.

Nous avons choisi la queue pour suivre cette expérience.

En raison de la densité du derme et du tissu conjonctif et de la difficulté d'y faire pénétrer facilement le produit inoculable, nous avons pris le soin de creuser, à l'aide d'un fin trocart, un petit canal sous-cutané dans lequel nous avons injecté la matière virulente. Nos inoculations ont été faites à diverses hauteurs, depuis l'extrémité de l'organe jusqu'à sa base, en espaçant les points d'insertion de 10 centimètres en 10 centimètres.

Si l'on injecte 1, 2, 4, 6 et 7 gouttes de virus au bout de la queue, on ne remarque ni travail local, ni mouvement fébrile.

L'expérience suivante, choisie parmi d'autres, montrera qu'il s'agit bien d'un défaut de réceptivité de l'organe et non du sujet d'expérience.

Le 9 mars 1883, on insère 4 gouttes de virus frais à l'extrémité de la queue d'un bouvillon âgé de sept mois. Aucun effet, ni local, ni général. La semaine suivante, le 16 mars, on introduit dans la cuisse de ce même sujet la même quantité de virus. Il meurt en trente heures avec une belle tumeur au point d'inoculation.

Mais cette immunité locale n'est point absolue ; si l'on dépasse les quantités qui viennent d'être indiquées ; si l'on inocule, par exemple, dix gouttes de virus, une élévation de température de quelques dixièmes de degré en sera la conséquence, élévation qui pourra aller à 1 degré et au delà si l'on augmente la dose ou si l'on tombe sur des animaux extrêmement sensibles. Nous avons pu inoculer impunément jusqu'à 2 grammes de virus frais à l'extrémité de la queue ; dans ce cas nous avons provoqué une sorte d'engorgement exsudatif au point inoculé et un mouvement fébrile très accusé; la température rectale est montée à 40°9, de 39°6 qu'elle était au moment de l'inoculation; il y a eu pendant quarante-huit heures de la tristesse, de l'inappétence, puis tout est rentré dans l'ordre et le bénéfice de l'immunité a été acquis à la génisse d'expérience.

Il ne nous semble guère douteux que si nous avions dépassé cette dose ou si nous étions tombés sur des animaux doués d'une très grande réceptivité, comme nous en avons rencontrés parfois, nous n'eussions causé la mort.

A 10 centimètres au-dessus du toupillon, la réciptivité nous a paru la même qu'à l'extrémité, c'est-à-dire peu considérable. A 20 centimètres, elle est déjà devenue plus grande et toutes choses restant égales, une inoculation en cette région peut, exceptionnellement à la vérité, amener la mort. Il est fort intéressant alors de suivre le processus de la maladie et d'examiner les lésions. Le cas suivant en donnera une bonne idée :

Le 15 *mai* 1883, une métisse hollandaise est inoculée à 20 centimètres de l'extrémité de la queue. Température rectale, au moment de l'inoculation, 39°6. Le lendemain, température, 40°8, appétit conservé; le surlendemain 17, T., 40°9. L'animal a mangé sa ration et bu comme d'habitude. Le 18, il refuse de se lever et ne touche pas à sa ration: T., 41° 9. En explorant avec soin les diverses régions, on constate l'existence d'une tumeur crépitante siégeant sur l'ilio-spinal, dans sa portion dorsale. Mort le 19, quatre jours après l'inoculation. L'autopsie nous montre dans la région indiquée une tumeur formée par des muscles d'un noir intense et des gaz assez abondants, mais cette tumeur est bien délimitée, et un examen attentif ne permet pas de voir de traînées inflammatoires ou de lésions quelconques la rattachant au point d'inoculation; les régions sacrée, coccygienne et la queue dans toute son étendue aussi bien bien qu'au lieu inoculé, n'offrent rien d'anormal. Il s'agit donc bien d'une tumeur symptomatique; le virus entraîné par la circulation lymphatique ou sanguine est allé proliférer dans la région dorsale et y produire une tumeur mortelle.

Au fur et à mesure qu'on monte vers la base de la queue, les chances d'infection générale et de production de tumeurs symptomatiques augmentent ; nous estimons cependant que, relativement à ce qui passe quand le virus est introduit dans la cuisse ou l'encolure, la réceptivité est encore environ moitié moins développée.

De ce qui vient d'être exposé, il résulte : 1° que la queue n'a qu'une faible réceptivité pour le virus bactérien ; 2° que cette réceptivité augmente à mesure qu'on monte vers la base de l'organe ; 3° que le virus ne se développe pas sur place et ne produit pas de tumeurs caudales mais seulement des tumeurs symptomatiques.

Il fallait chercher la cause de pareils résultats, qui, du reste, ne sont pas spéciaux au virus bactérien, puisque la péripneumonie, qui a d'ailleurs d'autres points de ressemblance avec le charbon symptomatique, offre la même particularité.

Deux hypothèses se présentaient à l'esprit. Les microbes ne déterminent pas d'accidents locaux dans la région caudale, et ne produisent que des phénomènes généraux lents et peu accusés, soit parce que les tissus cellulaire et musculaire de cette région sont trop peu développés et trop condensés, soit par ce que l'extrémité de l'organe tout entier, fortement détachée du reste du corps, est à une température peu compatible avec l'évolution du virus sur place.

L'expérimentation seule pouvait nous apprendre si ces deux hypothèses ou l'une d'elles étaient fondées.

Le 27 juin 1883, on prend une génisse femeline âgée de trois ans et demi, dont la température rectale est de 39°6. Le thermomètre, appliqué sur l'extrémité de la queue et laissé vingt minutes en place marque, 29°8 alors que la température de l'écurie est de 20°1.

Les poils du toupillon sont alors coupés, on creuse à l'aide du trocart, deux galeries dans cette partie terminale, on y pousse 15 gouttes de virus frais dont l'activité a été essayée ; on lute au collodion, puis on enveloppe soigneusement la queue depuis sa terminaison jusqu'à son quart supérieur avec du coton maintenu par de la toile imperméable recouverte d'étoupes. La température de la queue ainsi enveloppée monte à 36°8.

Le 28 juin, le température rectale est à 40°. L'appétit et la rumination sont conservés. La queue est déjà douloureuse dans la partie enveloppée.

Le 29, la température est à 40°7 ; diminution de l'appétit, conservation de la rumination.

Le 30, température rectale à 41°2 ; appétit peu prononcé, mais persistance de la rumination. La queue est toujours fort douloureuse au toucher.

Le 1er juillet la température est à 40°, l'appétit revient. Le 2 juillet, le thermomètre placé dans l'anus accuse 40°6 seulement, la bête mange et rumine comme avant l'inoculation. On enlève ce jour, le pansement enveloppant et l'on constate que sur une longueur de 0m 20 cent. à partir de l'extrémité terminale, la queue est tuméfiée, crépitante, insensible. On en sectionne l'extrémité et l'examen microscopique de la sérosité qui s'en écoule y dévoile la présence de très nombreux microbes spécifiques en bâtonnets, nuclés à une extrémité et fort mobiles. Au delà de la partie mortifiée, qui se détache spontanément du reste de l'organe, le huitième jour après l'enlèvement du pansement, la queue est douloureuse et légèrement œdématiée.

Pour s'assurer que la partie mortifiée de la queue avait bien été envahie par le microbe du charbon et non par celui d'une septicémie, nous inoculons 15 gouttes de liquide extrait de la portion malade à un cobaye, à un rat blanc et à un chien, soit 5 gouttes à chaque sujet. Le cobaye meurt à la vingt-quatrième heure avec une tumeur charbonneuse, le chien et le rat blanc ne présentent que des phénomènes insignifiants.

Ainsi l'enveloppement et l'élévation de température qui en a été la suite a amené une pullulation sur place du microbe, la formation d'une tumeur locale, mais cette tumeur, forcée d'évoluer dans un tissu conjonctif trop dense et trop peu abondant, est restée cantonnée à l'extrémité de la queue; elle n'a pas gagné le reste de l'organe ; elle n'est pas devenue mortelle. Quand elle fut en état de fournir assez de microbes pour aller causer au loin des tumeurs mortelles, la bête était déjà douée de l'immunité par la fièvre des premiers jours, comme nous avons eu le soin de nous en assurer par une inoculation d'épreuve.

Ainsi les deux causes entrevues *à priori*, température basse et tissu conjonctif dense, serré et peu abondant, concourent à enlever à la queue sa réceptivité pour le virus bactérien.

Au surplus, nous avons cherché à faire sur le mouton la contre-épreuve de l'expérience réalisée sur la vache.

Chez les moutons du pays, la peau de la queue repose sur du tissu conjonctif lâche qui lui permet de glisser assez facilement sur le cône formé par les os et par les muscles coccygiens. Sous ce rapport, la queue du mouton diffère profondément de celle du bœuf. Or, en refroidissant l'appendice caudal du mouton, après avoir déposé à son extrémité libre 5 gouttes de virus bactérien, nous avons empêché le développement d'un accident local, tandis que nous avons obtenu une belle tumeur symptomatique.

Les régions les plus favorables au développement des phénomènes locaux du charbon bactérien sont donc celles chez lesquelles le tissu conjonctif est abondant et lâche, et la température aussi rapprochée que possible de la température centrale.

En résumé, l'expérience nous a appris que pour inoculer le charbon symptomatique avec *certitude*, il faut faire choix de l'un des animaux doués de réceptivité que nous avons signalés, recueillir la matière infectieuse dans la tumeur, et l'introduire en quantité suffisante, par injection, dans le tissu conjonctif sous-cutané et intra-musculaire, et dans les veines.

§ 2.

Effets immédiats de l'inoculation

Ils diffèrent suivant la voie choisie pour faire pénétrer la matière infectieuse dans l'organisme et, dans quelques cas, suivant la dose employée.

A. — *L'inoculation à la lancette* ne produit pas d'accidents locaux. Une gouttelette de sang se coagule sur la piqûre ; une inflammation consécutive légère détermine l'apparition d'une étroite aréole rouge autour de la plaie ; mais quand l'inoculation est faite à l'oreille du cochon d'Inde, aucun gonflement ganglionnaire pré-auriculaire, aucun œdème ne traduit la gravité de la maladie qui attend peut-être l'animal, si l'inoculation est fructueuse. Dans ce cas, le sujet conserve sa gaîté pendant trente à trente-six heures, puis il devient triste, se pelotonne sur lui-même, son poil se hérisse, finalement l'animal meurt au bout de trois jours environ. A l'autopsie, on est tout surpris de trouver des infarctus dans des masses musculaires éloignées du lieu d'inoculation, le dos, les épaules, les cuisses. Les ganglions lymphatiques voisins des infarctus sont rouges et tuméfiés.

Sur le mouton, on observe parfois de légers accidents locaux, comme en témoigne l'expérience suivante que nous transcrivons *in extenso :*

23 *décembre* 1880. — On écrase quelques ganglions lymphatiques pris sur le cadavre d'un cochon d'Inde mort des suites d'une inoculation à la lancette ; avec leur pulpe, on charge six piqûres faites à l'oreille gauche d'un mouton auvergnat.

Le 24, l'animal n'a pas son entrain habituel ; il reste couché pendant notre visite. L'oreille inoculée et la région circonvoisine sont chaudes

et peut-être légèrement épaissies ; les plaies d'inoculation se cica-
trisent.

25 décembre. — Le mouton meurt à neuf heures du matin. La peau
présente au niveau des deux ars et de la face interne de la cuisse gauche
une teinte rosée qui dénote dans ces points la présence d'une tumeur et
d'un œdème sanguinolent. L'*oreille* est à peine œdématiée ; de toutes
petites croûtes couvrent la surface des piqûres.

AUTOPSIE. — Elle est faite quatre heures après la mort. La peau étant
enlevée, on voit une tumeur sur les deux épaules ; elle s'étend, à droite
et à gauche, aux muscles pectoraux ; une troisième tumeur existe dans
la cuisse gauche (côté de l'inoculation) ; œdème sanguinolent et infiltration gazeuse dans les points correspondants. Les ganglions lymphatiques pré-auriculaires, sous-maxillaires et rétro-pharyngiens paraissent
légèrement malades ; ceux du côté gauche, plus que ceux du côté droit.
Les deux ganglions pré-scapulaires et le ganglion inguinal gauche sont
fortement gonflés et infiltrés. Le corps thyroïde a pris une coloration
rouge noirâtre intense.

À l'ouverture de l'abdomen, on trouve sur le mésentère et à la surface
du foie, la trace d'une violente péritonite. Les ganglions mésentériques
sont vivement congestionnés. Le feuillet, la caillette, le cœcum, l'origine du côlon et surtout l'intestin présentent les lésions de l'inflammation. La rate possède son volume normal ; son tissu est très friable.
Dans la poitrine, les poumons sont engoués ; traces de pleurite à gauche ;
ganglions médiastinaux et bronchiques très malades.

Cœur rempli de caillots ; les gaz envahissent les cavités de cet organe
et la veine cave postérieure.

Dans toutes les lésions, on rencontre, en plus ou moins grande abondance les microbes caractéristiques que nous avons décrits dans les
chapitres II et IV.

Cette expérience nous offre un très bon exemple de l'infection générale qui peut suivre certaines inoculations à la lancette. En outre, elle démontre que l'on obtient ce résultat sans
déterminer des accidents manifestes aux points d'inoculations.
Les accidents locaux ne sont donc pas indispensables à la production de l'infection générale.

B. — L'inoculation par *injection dans le tissu conjonctif*

sous-cutané ou intra-musculaire est suivie d'effets différents, suivant que les produits infectieux sont injectés à forte dose, à dose moyenne ou à dose infinitésimale.

1° Si l'on pousse dans le tissu cellulaire sous-cutané ou intra-musculaire un peu de sang ou de pulpe musculaire infectieuse (de 1 goutte à 1 c. c.), on obtient des accidents formidables et toujours mortels sur les animaux doués d'une grande réceptivité.

Les accidents ont une physionomie particulière dans les deux cas. Quand la matière infectieuse est poussée dans le tissu cellulaire sous-cutané, les accidents se déroulent surtout dans le tissu conjonctif et les ganglions lymphatiques, ils empiètent peu sur les muscles. Ils débutent par un œdème chaud qui fait de rapides progrès. Si l'on a choisi l'oreille comme lieu d'inoculation, cet organe devient très volumineux, pendant, douloureux; l'œdème gagne l'espace intra-maxillaire, la gouttière de la jugulaire correspondante, la face inférieure de la poitrine et le membre. Il devient légèrement crépitant dans certains points, notamment au poitrail et à la pointe de l'épaule.

Quand le virus est déposé dans le muscle, toute la région musculaire se gonfle, un œdème se montre dans les parties déclives avoisinantes, des gaz se développent en abondance, dissociant les muscles et leurs faisceaux charnus; bref, la maladie ressemble à celle que nous avons décrite dans la symptomatologie de l'infection naturelle. Quelquefois une ou plusieurs tumeurs apparaissent dans le système musculaire sans que l'on puisse saisir de relation entre elles et la tumeur qui s'est formée autour du point inoculé.

2° Si l'inoculation est faite avec une dose moyenne (1/10 de goutte d'une pulpe musculaire très active), les accidents locaux sont nuls ou peu marqués; mais, au moment où l'on suppose que l'animal est hors d'affaire, apparaît une tumeur plus ou moins éloignée du point d'inoculation, laquelle évolue comme la tumeur déterminée par l'inoculation d'une forte dose et, conséquemment, entraîne la mort de l'animal.

Parmi les expériences que nous avons faites à ce sujet, nous relevons les deux suivantes :

Le 20 décembre 1880. — Un mouton reçoit 1/8 de goutte de suc musculaire associé à 1 centimètre cube d'eau dans le tissu conjonctif sous-cutané de la face interne d'une cuisse.

21 décembre. — L'animal boite ; le jarret du membre inoculé est assez net, mais le métatarse et la région phalangienne sont fortement œdémateux.

22 décembre. — Des phlyctènes remplies de sérosité sanguinolente se développent autour de l'inoculation ; néanmoins, le gonflement du membre ne fait pas de progrès.

23, 24 décembre. — L'œdème de l'extrémité diminue. On croit que ce mouton est appelé à se rétablir.

25 décembre. — L'état général devient grave ; le sujet meurt dans la nuit du 25 au 26.

Autopsie. — Pas d'infarctus dans la cuisse inoculée. En examinant les différentes masses musculaires, on trouve des infarctus dans le grand dentelé de l'épaule, à droite et à gauche et dans le scalène droit. Les ganglions de l'entrée de la poitrine et pré-scapulaires sont malades. A leur intérieur et dans les infarctus musculaires, existent des micrococoques et des bactéries.

2 février 1881. — On injecte sous la peau de la queue d'un mouton, près de l'extrémité libre, 4 gouttes d'eau contenant 1/10 de goutte de pulpe musculaire préparée comme nous l'avons dit plus haut.

Le 2, dans la soirée. Temp. rectale = 40°7.

Le 3, matin.   —   = 40°4.

Le 4, —   —   = 41°9.

La queue est un peu chaude au point inoculé ; mais elle ne présente pas de gonflement ; néanmoins, dans la soirée, une tumeur charbonneuse apparaît dans la cuisse droite.

5 février, matin. — Temp. rectale = 41°3.

Dans la journée, la tumeur fait des progrès ; le sujet est essoufflé ; signes de coliques, fèces sanguinolentes ; la température s'abaisse successivement à 40°6 et 38°6 ; mort à sept heures du soir, c'est-à-dire soixante-quinze heures après l'inoculation.

Autopsie. — Tumeur caractéristique dans les muscles de la cuisse droite, se prolongeant autour de l'anus. Le tissu conjonctif sous-cutané compris entre la tumeur et le point inoculé est normal. Lésions du gloss-santhrax, du coryza, de l'entérite. Foie ramolli et très riche en microbes très volumineux. Le cerveau est presque exsangue.

Les effets de l'inoculation avec des doses moyennes ressemblent donc beaucoup à ceux de l'inoculation à la lancette quand elle est fructueuse. Ils sont surtout remarquables par l'apparition tardive des lésions musculaires et par la distance souvent très grande qui sépare ces dernières du lieu où la matière infectieuse fut introduite.

3° Lorsqu'on introduit dans le tissu cellulaire une très petite dose de virus ou du virus peu actif, tantôt on n'obtient aucun effet, tantôt on produit une maladie légère qui se borne à quelques symptômes généraux: tristesse, diminution de l'appétit, élévation de la température.

Beaucoup d'affections traduisent leur existence par des troubles analogues ; aussi pouvait-on se demander si ces inoculations à dose infinitésimale avaient réellement donné le charbon bactérien sans tumeur, c'est-à-dire sans l'accident dont l'apparition est presque toujours le signal d'une terminaison funeste. Mais, sous ce rapport, il n'y a pas de doutes à conserver, car, si l'on tente d'infecter de nouveau ces sujets après leur retour à la santé, on échoue à peu près constamment. Or, on sait qu'en général la même maladie virulente ne frappe pas deux fois le même sujet dans un court laps de temps, et qu'une maladie peut exister et communiquer l'immunité sans offrir le tableau complet de ses symptômes, la vaccine équine, par exemple (M. Chauveau). Par conséquent, nous sommes en droit de conclure que nous avons donné le charbon symptomatique aux animaux qui, après avoir présenté des troubles généraux de la santé, résistent à une ou plusieurs inoculations d'épreuve.

Voici un exemple :

6 février 1881. — Un mouton est inoculé dans le tissu cellulaire de la queue avec 1/15 de goutte de suc musculaire contenu dans 4 gouttes d'eau.

Le 7 et le 8, malaise insignifiant ; la température s'élève de 4/10 de degré.

Le 10, l'animal est vif, gai ; il mange bien ; le retour à la santé est complet.

11 février. — On injecte 1/2 centimètre cube de pulpe musculaire fraîche et très virulente dans la cuisse de ce mouton ; pas d'accidents ni locaux ni généraux, tandis qu'un cochon d'Inde inoculé simultanément avec le même liquide meurt en trente heures.

Nous avons obtenu plusieurs résultats analogues sur le cochon d'Inde en employant le suc musculaire ou le sang. Ces résultats seront examinés à nouveau lorsque nous étudierons les moyens de conférer artificiellement l'immunité contre le charbon bactérien.

Parfois aussi on peut se trouver en présence de susceptibilités individuelles toutes particulières, dont la condition échappe jusqu'à présent au biologiste et qu'on ne peut soupçonner. L'inoculation de très petites doses de virus ou de virus très atténué à des sujets doués de cette réceptivité extraordinaire peut amener un charbon complet avec terminaison fatale. Tous ceux qui ont pratiqué des inoculations sur un très grand nombre d'animaux, ont rencontré de ces cas.

C. Quand le virus est déposé directement dans le *système veineux*, il n'entraîne le plus souvent qu'une maladie avortée, sans tumeur. Les inoculés présentent des frissons, de la tristesse, de l'inappétence et de la fièvre ; leur température monte quelquefois de 1°,9 au-dessus de la température normale.

Mais ces symptômes généraux ne durent que deux ou trois jours. Après leur disparition qui arrive plutôt chez le taurillon et le mouton que chez la chèvre, les sujets se montrent réfractaires aux effets d'inoculations ultérieures.

On obtient ce résultat avec des doses de virus extrêmement variables, relativement très faibles et très élevées. Nous avons injecté dans les veines du mouton et de la génisse 3/10 de goutte, 1, 2, 5 gouttes; 1/2, 1, 2, 3, 4 et 6 centimètres cubes de suc musculaire filtré, et ces doses très diverses ont donné à nos animaux une maladie bénigne et l'immunité.

On est étonné de la tolérance de l'organisme pour le virus du charbon symptomatique lorsque celui-ci est introduit dans le sang, si l'on songe que la moindre gouttelette versée dans le tissu conjonctif cause des accidents mortels.

Aussi devra-t-on pratiquer les injections intra-veineuses avec une excellente seringue à canule piquante capillaire, dans une veine débarrassée de sa gaine celluleuse, en prenant toutes les précautions nécessaires pour éviter d'inoculer les parois du vaisseau et le tissu conjonctif ambiant.

Nous disions plus haut qu'avec des doses variées mais fortes d'une façon absolue, on donnait un charbon symptomatique qui rétrocédait avant le développement des tumeurs musculaires qui en sont la caractéristique extrême et fatale. Si on augmente la dose ou si l'on fait usage d'une matière infectante plus active, ou si l'on tombe sur un animal doué d'une grande susceptibilité pour cette affection, l'inoculation intra-veineuse engendre une maladie mortelle accompagnée de tous les symptômes cliniques.

Voici un exemple de susceptibilité extrême :

Le 26 novembre 1880, on injecte dans la jugulaire de trois animaux de l'espèce bovine (une génisse hollandaise, une génisse schwitz, un taureau breton), 4 centimètres cubes d'un suc préparé comme il a été dit précédemment. L'injection est pratiquée dans d'excellentes conditions sur les trois sujets. Les deux premiers eurent des accidents très bénins ; le troisième, qui pesait deux fois environ autant que les génisses, eut un charbon symptomatique complet.

Le 27, la plaie ne présente pas de gonflement anormal ; néanmoins, le taureau est pris de frissons dans la soirée ; il est triste et refuse les aliments.

Le 28, à huit heures du matin, les caractères du charbon symptomatique sont éclatants : le membre antérieur droit est le siège d'un gonflement œdémateux et crépitant qui s'étend du bord supérieur à la pointe de l'épaule. Rien au cou et au niveau de la plaie. Dans la journée, le gonflement se propage à la moitié gauche du cou (côté opposé à l'injection). Les désordres se prononcent de plus en plus ; l'animal succombe à sept heures du soir.

L'autopsie a confirmé le diagnostic.

D'autres fois, par l'emploi de doses en quelque sorte massives, le malade succombe avant l'apparition de la tumeur comme dans l'expérience suivante :

Le 1ᵉʳ décembre 1880, on injecte dans la jugulaire d'une brebis une grande quantité de sérosité infectante (10 centimètres cubes), avec l'intention de produire un charbon symptomatique complet. L'animal est pris de frissons à la fin de l'injection ; aux tremblements succède la tristesse.

Le 2 décembre, la brebis est profondément abattue ; il n'y a pas de gonflement appréciable autour du point d'inoculation ni ailleurs. La malade meurt à midi. L'autopsie n'a pas révélé de tumeur dans les muscles, mais elle a montré des suffusions sanguines dans l'épiploon, des traces d'une violente péritonite, un léger engouement de la base du poumon gauche, le gonflement et le ramollissement des ganglions pré-pectoraux et médiastinaux.

En l'absence d'infarctus musculaires, on pourrait douter que la brebis eût succombé au charbon symptomatique. Pour asseoir le diagnostic sur une base sérieuse, on a inoculé un cochon d'Inde avec la pulpe des ganglions lymphatiques altérés (dans la cuisse droite) et avec le sang du cœur (dans la cuisse gauche).

Cet animal mourait le lendemain avec des lésions caractéristiques dans chaque cuisse. Nous eûmes donc sous les yeux un cas d'infection générale tellement rapide que les lésions musculaires n'eurent pas le temps de se produire.

Enfin voici un exemple d'activité très considérable de la matière virulente :

11 décembre 1880. — On injecte dans la jugulaire d'une chèvre 2 centimètres cubes d'une culture qui avait été préparée avec du bouillon de veau et ensemencée avec une goutte de virus. Ce liquide était fort riche en granulations isolées ou géminées, extrêmement mobiles. La chèvre meurt, dans les douze heures qui suivent l'inoculation, d'une véritable infection générale ; son sang inoculé à deux cobayes leur communique à l'un et à l'autre une tumeur charbonneuse caractéristique.

Les effets immédiats et consécutifs des inoculations intraveineuses sont donc extrêmement intéressants. Nous verrons bientôt le parti que l'on peut tirer, dans la pratique, de la facilité avec laquelle ce procédé d'inoculation permet de donner une maladie avortée, cliniquement méconnaissable, dont les animaux retirent un grand bénéfice.

D. Nous avons entrepris de transmettre le charbon symptomatique en introduisant le virus dans *les voies respiratoires*. Voici une expérience qui démontre que nous avons réussi à produire une maladie avortée dont l'influence consécutive sur l'organisme est la même que celle de l'injection intra-veineuse.

9 mai 1881. — On plonge un fin trocart dans la trachée d'une brebis. On introduit ensuite dans la canule et dans la trachée un tube de caoutchouc très grêle, de façon à en faire arriver l'extrémité au niveau des bronches. A l'aide d'une seringue, on pousse dans ce tube de caoutchouc et de là dans l'arbre bronchique 4 centimètres cubes de liquide de pulpe musculaire. L'injection est faite avec lenteur, pour que le liquide virulent tombe goutte à goutte et ne provoque pas d'accès de toux. Effectivement, la toux est assez légère.

On retire ensuite le caoutchouc, sans redouter que son extrémité inocule le tissu conjonctif, puisqu'elle en est séparée par la canule du trocart ; enfin, on retire le trocart, pendant que l'on inonde la plaie avec une solution d'acide phénique à 1/100.

10 mai. — La plaie trachéale est nette : mais l'animal est triste ; il frissonne de temps en temps ; la température rectale s'est élevée de 9/10 de degré.

11 mai. — Les frissons continuent dans la matinée ; ils disparaissent le soir.

12 mai. — La brebis mange et rumine comme ses voisines.

13 mai. — Le retour à la santé se confirme.

L'inoculation intra-bronchique de 4 centimètres cube de liquide de pulpe n'ayant pas causé la mort, restait à voir si le malaise passager que l'animal a présenté était un charbon symptomatique avorté.

17 mai. — On injecte dans la cuisse droite de cette brebis 1/2 centimètre cube d'un suc musculaire qui vient de tuer deux cobayes.

18 mai. — Boiterie et frissons.

19 et 20 mai. — Retour à l'état normal.

20 mai. — Nouvelle inoculation d'épreuve avec un liquide très virulent. On note de la boiterie dans la soirée. Le lendemain tout rentre dans l'ordre.

Puisque cette brebis a résisté à deux inoculations d'épreuve, nous conclurons donc :

1° Que l'inoculation dans les voies respiratoires peut produire un charbon avorté comme l'inoculation dans les veines et l'inoculation d'une dose infinitésimale de virus dans le tissu conjonctif.

2° Que l'introduction du virus du charbon bactérien, par la surface bronchique permet à l'organisme d'en supporter une dose aussi considérable que si elle était injectée dans les veines.

E. Dans cet exposé sur l'inoculabilité du charbon symptomatique, nous devons donner une place à nos tentatives d'infection par les voies digestives.

Nous avons fait boire des liquides de pulpes musculaires préparées avec des tumeurs charbonneuses, soit seuls soit associés à du lait; nous avons offert comme aliment au bouvillon, au mouton et au cobaye du foin, du son, de la drèche, de l'avoine associés au virus à l'état liquide et frais ou bien desséché. Malgré nos efforts pour varier le mode d'introduction du virus dans l'appareil digestif, nous n'avons jamais réussi à communiquer le charbon même sous sa forme bénigne. Éprouvés, les animaux qui avaient été soumis à ce genre d'alimentation ont succombé, montrant ainsi qu'ils n'avaient point été inoculés par le tube digestif. Voici deux exemples de nos tentatives :

23 mai 1881.— On arrose une poignée d'avoine et de son mélangés avec 8 centimètres cubes de liquide de pulpe charbonneuse fraiche et on la présente à un mouton qui la mange avidement. Tenu en observation depuis le moment de ce repas jusqu'au 31 mai, il n'a rien présenté d'anormal, ni dans le rythme circulatoire, ni dans la température, ni dans l'appétit.

Le 9 juin, on mélange de la pulpe charbonneuse desséchée à 32° et très active à du son et on donne en deux fois ce mélange au même mouton laissé à la diète depuis la veille. Il mange le tout fort avidement, et ne présente, pas plus qu'à la suite de l'expérience du 23 mai, aucun signe de malaise.

Ce mouton a été éprouvé le 13 juin avec du virus frais. Il a succombé le surlendemain en présentant une tumeur charbonneuse énorme.

15 décembre 1881. — On prend 1/2 litre de lait dans lequel on laisse tomber 5 centimètres cubes de liquide frais de pulpe charbonneuse. Le mélange est très virulent, car quelques gouttes inoculées à un cobaye témoin le tuent en vingt-quatre heures. On le fait boire de force à une brebis. Tenue pendant huit jours en observation, cette bête n'a rien présenté qui pût trahir objectivement une action quelconque des microbes ingérés.

Nous avons également fait avaler à des animaux à sang froid, à des grenouilles, du virus frais ; puis, au bout de quelque temps, nous les avons tuées. Le produit du raclage de leurs séreuses et de leurs sacs lymphatiques inoculé à des cobayes n'a rien produit. Ceux-ci n'ont rien ressenti et sont morts plus tard quand on les a éprouvés.

Malgré ces résultats négatifs, nous n'affirmerons pas que l'infection soit impossible par cette voie. Nous croyons même que si l'agent infectieux rencontrait une plaie sur son parcours, tout au moins dans les parties antérieures, l'inoculation serait possible, et peut-être, dans les cas de glossanthrax et de tumeur à l'encolure, se fait-elle de cette façon. Mais il semble se dégager de nos expériences que si la muqueuse digestive peut se prêter à l'inoculation, c'est, en tous cas, une surface peu favorable à la pénétration du virus.

Article II

MÉCANISME DE L'INFECTION — APPLICATIONS A L'INTERPRÉTATION DES FAITS CLINIQUES ET A L'ÉTIOLOGIE

Si l'on réfléchit sur les faits rapportés dans les articles précédents, on s'aperçoit que les divers modes d'infection qui nous ont donné des résultats positifs se résument à trois ; infection par le sang, infection par le tissu conjonctif (sous-cutané et intra-musculaire), infection par les voies respiratoires.

Les inoculations faites dans ces différents milieux ont produit tantôt une *maladie incomplète et curable*, tantôt une *maladie complète avec sa terminaison fatale*. Il importe d'examiner cette différence, afin d'en trouver la raison.

A propos des inoculations intra-veineuses, on a vu que la maladie complète c'est-à-dire avec tumeur succédait toujours à l'injection d'une dose de virus forte par la quantité ou l'activité des microbes qu'elle renferme ; mais on a dû être frappé de l'importance de la dose qu'il fallait introduire pour arriver à ce résultat.

Que se passe-t-il donc, lorsque l'injection n'entraîne pas la mort, et qu'arrive-t-il lorsque l'injection détermine une ou plusieurs tumeurs mortelles ?

On peut admettre que le microbe meurt en arrivant dans le sang, puisque l'injection d'une faible dose de virus communique aux inoculés une maladie qui leur confère ensuite l'immunité. Mais si on compare l'innocuité relative d'une injection intra-veineuse de 2, 3, 4, 5 centimètres cubes de virus aux conséquences funestes de l'injection d'une seule goutte dans le tissu conjonctif, on est autorisé à conclure ou bien que le microbe s'épuise rapidement dans le milieu sanguin, peu favorable à sa multiplication ou bien qu'il s'y multiplie, mais que l'endothélium vasculaire le retient en dehors des mailles du tissu conjonctif où il achève son évolution, au sein de tumeurs qui sont presque constamment le prélude de la mort.

Cette dernière hypothèse nous paraît la vraie, car on peut constater expérimentalement que le microbe se multiplie dans le sang et que la destruction de la barrière endothéliale suffit pour convertir une maladie incomplète en une maladie complète avec tumeur.

4 mars 1881. — A dix heures du matin, on pousse dans la jugulaire gauche d'une brebis 1/2 centimètre cube de suc musculaire dilué, avec toutes les précautions d'usage pour éviter l'inoculation du tissu conjonctif.

Avant cette opération, la temp. rectale est de 39°5.

Six heures après l'injection, elle monte à 41°5.

L'animal a quelques frissons.

5 mars. — A onze heures du matin, la température est à 40°6. Pas de tuméfaction autour de la plaie du cou.

A ce moment, on provoque une légère hémorragie sous la peau de la face interne de la cuisse droite, à l'aide d'un scalpel fin, neuf et flambé, introduit obliquement sous le tégument.

6 mars. — La brebis est triste ; la cuisse sur laquelle on a fait le traumatisme, la veille, est chaude, douloureuse, sa face interne a pris la couleur lie de vin ; du jarret aux onglons, le membre est œdématié ; en un mot, cette bête présente tous les signes du développement d'une tumeur charbonneuse autour du traumatisme pratiqué la veille. Temp. rectale : 41°9.

La brebis meurt dans la nuit du 6 au 7. L'autopsie confirme le diagnostic.

On ne peut douter maintenant que le microbe se multiplie dans le sang et qu'il suffit de lui permettre de se répandre en dehors des vaisseaux pour qu'il détermine une tumeur charbonneuse et la mort.

La multiplication est prouvée par les effets de l'auto-inoculation, car ce ne sont pas les microbes renfermés dans les 10 gouttes de suc musculaire injectées qui auraient été capables de communiquer des propriétés virulentes à toute la masse sanguine de la brebis dont quelques centimètres cubes ont agi avec autant d'énergie que les sucs musculaires les plus actifs.

L'influence de la barrière endothéliale vasculaire est démontrée par les effets du traumatisme ou de l'auto-inoculation.

Pendant toute la période fébrile qui suit l'inoculation intra-veineuse, l'animal loge donc dans ses vaisseaux un nombre considérable de microbes; il en est imprégné, peut-on dire; mais tant que ces derniers sont contenus en deçà de l'endothélium vasculaire, ils évoluent et se détruisent sans entraîner la mort; ils paient même leur parasitisme d'un bienfait, puisqu'ils mettent l'organisme qui les a logés à l'abri d'un nouvel envahissement.

S'il en est ainsi lorsque le sujet a reçu une faible dose de

virus, on est conduit à penser que, dans le cas où les injections veineuses s'accompagnent de tumeurs, le microbe sort
naturellement des vaisseaux pour évoluer ensuite *in situ*.

Nous ne sommes pas en mesure de décrire comment s'ef-
fectue la sortie du microbe; mais on sait qu'elle peut se produire de plusieurs manières, soit en profitant de la déchirure
accidentelle de quelques faisceaux musculaires ou des trajets
ouverts dans les parois des vaisseaux par les cellules lymphatiques, soit par un processus analogue à celui de l'infarctus
embolique.

Puisque ces expériences nous représentent le sang comme
un milieu dans lequel le microbe du charbon symptomatique
peut se multiplier sans de grands dangers pour la vie des
animaux, et nous apprennent que celle-ci est compromise si
le microbe sort de ce milieu, nous pouvons distinguer deux
phases dans l'évolution de la maladie: l'une de repullulation
du microbe qui s'opère dans le sang, l'autre d'intoxication qui
survient quand le microbe passe dans le tissu conjonctif.

Cela étant, on s'explique aisément les suites diverses des
injections dans ce tissu.

D'abord il ne faut pas oublier que le virus, quelle que soit la
quantité inoculée, se partage toujours plus ou moins inégalement en deux parties; l'une restera dans les espaces du
tissu conjonctif, tandis que l'autre sera entraînée dans le sang
par les capillaires sanguins ou lymphatiques.

Lorsque cette quantité sera infinitésimale, la portion qui
évoluera sur place déterminera des accidents insignifiants, et
celle qui passera dans le sang se comportera comme dans le
cas d'une faible injection intra-veineuse. Quand cette dose sera
moyenne, les effets varieront suivant la manière dont s'opè-
rera le partage des agents virulents; s'il en reste peu dans le
tissu conjonctif, les accidents locaux seront presque nuls, mais
la repullulation dans le sang sera grande et l'on pourra voir

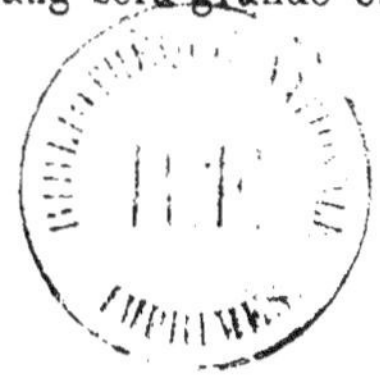

survenir çà et là une tumeur comme après une forte injection veineuse ; s'il en reste beaucoup, les effets ressembleront à ceux des doses massives. Dans ce cas, la portion qui est retenue dans le tissu conjonctif est assez grande pour produire d'emblée une tumeur dont l'influence sur l'organisme masque celle de la repullulation dans le sang ; mais cette dernière marche parallèlement, puisque chez quelques sujets, dont la survie est assez longue, il se développe des tumeurs symptomatiques qui n'entretiennent aucune relation avec la tumeur primitive par l'intermédiaire du système lymphatique et n'ont pu se produire qu'à la faveur d'une ou plusieurs *auto-inoculations*, le sang jouant le rôle de virus.

On peut également interpréter les effets de l'inoculation dans les voies respiratoires. Ces effets ressemblent à ceux de l'injection intra-veineuse, parce que les microbes déposés à l'entrée des bronches se disséminent immédiatement à la face interne des *infundibula*, d'où ils passent dans les vaisseaux du poumon en traversant simplement deux lames endothéliales, l'endothélium alvéolaire et l'endothélium des capillaires, sans rencontrer, pour ainsi dire, de tissu conjonctif sur leur trajet.

Ce mode d'inoculation équivaut presque au fond à une inoculation dans le milieu sanguin.

La description que nous venons de faire du mécanisme de l'infection artificielle de l'organisme permet de donner une interprétation rationnelle des faits cliniques et jette, ce nous semble, de la lumière sur la façon dont a lieu la pénétration des microbes, dans les cas de charbon bactérien qualifiés de *spontanés*.

Ils peuvent être portés directement dans le tissu conjonctif, à la suite d'une plaie, d'une piqûre de la peau ou de la muqueuse, soit par l'air, soit par les instruments ou les objets qui ont occasionné la blessure.

Puisque nous n'avons pu réussir à transmettre la maladie

par la voie digestive, on est bien forcé d'admettre qu'en dehors des cas de blessure, les microbes doivent plutôt pénétrer par les voies respiratoires avec l'air inspiré, arriver au poumon, pour de là se répandre dans le torrent circulatoire et produire des tumeurs symptomatiques mortelles ou conférer l'immunité. Nous verrons plus loin la résistance énorme des microbes desséchés, et quand on songe, en se reportant aux expériences de M. Miquel [1], qu'un bœuf de taille moyenne introduit dans le poumon 61740 germes de bactéries par jour et 21591684 par an, rien d'irrationnel à penser que dans un pays infecté, ceux du charbon symptomatique peuvent se trouver parmi eux et pénétrer avec l'air de la respiration. La manipulation des foins, pailles et autres aliments sur lesquels ils ont pu se déposer est probablement une cause très active de la contamination de l'air.

Lorsque les microbes pénétreront accidentellement en quantité assez considérable dans le tissu conjonctif, à l'aide d'une plaie ou d'une piqûre de la peau ou des muqueuses, la maladie débutera par un accident local, la tumeur sera primitive et constituera le premier symptôme ; bref, on assistera à l'évolution du *charbon essentiel* de Chabert, car il ne faut pas oublier que cet observateur n'établit pas d'autre différence entre le charbon essentiel et le charbon symptomatique que celle qui résulte de l'apparition immédiate ou tardive de la tumeur.

Au contraire, quand les microbes pénétreront en petite quantité dans le tissu conjonctif, quand ils seront déposés dans une région à tissu cellulaire trop condensé ou à température trop basse, de telle sorte que la pullulation sur place s'y fasse difficilement, ou quand ils entreront directement dans le sang, comme cela peut arriver lorsque l'infection aura lieu par le poumon, on assistera au *charbon symptomatique proprement dit*, c'est-à-dire à une maladie qui commencera par des

---

[1] P. Miquel, *Les organismes vivants de l'atmosphère.* Paris, 1883.

phénomènes généraux et se compliquera de l'apparition de tumeurs.

Maintenant on comprend que cette maladie puisse débuter
par le charbon essentiel, et se compliquer plus tard de tumeurs symptomatiques si l'animal résiste assez longtemps.

Enfin, comme la plupart des tumeurs sont symptomatiques,
on s'explique comment elles se développent profondément dans
les masses musculaires sans lésions cutanées correspondantes,
c'est-à-dire sans un accident local comparable à la pustule
maligne.

Nous ajouterons que l'évolution de la maladie étant connue,
il n'est plus possible de regarder les tumeurs comme des phénomènes critiques, comme un effort de la nature pour se débarrasser de l'organisme étranger qui l'a envahie ; leur développement a, au contraire, les plus fâcheuses conséquences,
puisqu'il place les microbes dans le milieu où leur évolution
entraîne presque toujours la mort des malades.

CHAPITRE IV

DU MICROBE DU CHARBON BACTÉRIEN
PREUVES EXPÉRIMENTALES QU'IL EST L'AGENT EXCLUSIF
DE LA VIRULENCE
SA RÉSISTANCE AUX CAUSES DE DESTRUCTION
CONSÉQUENCES PRATIQUES

Après avoir démontré l'inoculabilité du charbon symptomatique, il faut déterminer, parmi les produits organiques complexes qui servent aux inoculations, quel est l'agent infectieux.

Nous avons communiqué le charbon symptomatique en inoculant les sucs des muscles et ganglions malades, la sérosité des œdèmes et le sang. Rappelons que les sucs et la sérosité renferment des globules sanguins et lymphatiques, des débris de fibres musculaires, des gouttelettes de graisse et, de plus, des granulations fines et mobiles, brillantes ou sombres selon leur position sous l'objectif du microscope, et des *microbes* en bâtonnets mobiles, avec ou sans corpuscule à leur intérieur (Voyez la description au chapitre II, § Lésions) et sous forme de microcoques, tandis que le sang ne présente que des granulations analogues à celles des pulpes et dans quelques cas, des bâtonnets très mobiles, *sans corpuscule*, les bâtonnets étant toujours fort rares.

En présence d'éléments organiques et de microbes étrangers, le choix de l'agent actif est aujourd'hui facile à faire.

7

I

PREUVES EXPÉRIMENTALES QUE LE MICROBE SPÉCIFIQUE EST L'AGENT EXCLUSIVEMENT PRODUCTEUR DU CHARBON SYMPTOMATIQUE

Les démonstrations données d'une façon si péremptoire par l'école pastorienne que les fermentations, et près d'elles un certain nombre de maladies infectieuses déjà bien étudiées, sont dues à des éléments figurés, à des microbes spécifiques ne rencontrent plus guère d'incrédules. Notre tâche se trouve donc bien simplifiée pour le charbon symptomatique ; nous allons néanmoins exposer les procédés qui nous ont servi à asseoir notre conviction que le microbe dont nous venons de parler est bien le facteur exclusif du mal.

§ 1. La première objection à laquelle nous devions répondre est empruntée aux théories humorales, elle consiste à prétendre que l'agent qui occasionne et reproduit le charbon réside dans les parties dissoutes, qu'au lieu d'être un élément figuré, corpuscule ou bâtonnet, c'est une substance soluble, intimement mêlée aux liquides organiques, si ce ne sont ces liquides eux-mêmes devenus virulents par une modification spéciale de leur constitution, qu'enfin les particules figurées sont contingentes ou consécutives à l'apparition du mal.

Pour réfuter cette objection, nous ne pouvions mieux faire que d'emprunter à M. Pasteur sa méthode de filtration sur le plâtre. En traitant de cette façon des liquides très infectieux, les inoculations faites avec la partie filtrée n'ont jamais communiqué la maladie, tandis que la portion restée sur le plâtre a déterminé des accidents mortels. Naturellement c'est au début de nos recherches que ces expériences ont été faites. Elles remontent au mois d'avril 1880.

Nous avons aussi emprunté à M. Chauveau le procédé basé sur la diffusion qu'il a mis en pratique dans ses premières études sur les virus et la virulence. Si l'on prend un liquide dilué provenant de pulpe virulente et qu'on l'abandonne soixante heures dans un tube d'essai fermé avec un tampon de coton et placé dans un lieu à l'abri de toute secousse, l'examen microscopique de la partie supérieure du liquide y montrera peu ou pas de microbes et l'inoculation de celle-ci sera presque invariablement sans résultats, tandis que le même examen fait sur la partie inférieure du liquide y montre des ferments en abondance et son inoculation est sûrement positive.

§ 2. Nous sommes également arrivés à fournir la même preuve d'une autre façon. Lorsqu'on produit d'emblée une tumeur charbonneuse par une inoculation massive dans le tissu conjonctif, les microbes se montrent assez tardivement dans le sang, quelques heures seulement avant la mort et sous forme de granulations. Tant que l'examen microscopique n'y montre aucun microbe on peut l'inoculer impunément, les résultats seront constamment négatifs ; mais quand ils apparaissent, l'inoculation est presque toujours positive.

Enfin l'étude que nous avons faite plus haut des diverses humeurs provenant du cadavre d'un animal qui vient de succomber au charbon bactérien nous a offert une remarquable concordance entre la présence des microbes et la virulence. Nous avons vu que le rein fait l'office d'un filtre qui s'oppose au passage des microbes dans l'urine, l'examen microscopique nous a toujours montré celle-ci dépourvue de microphytes ; or, son inoculation a été constamment infructueuse.

§ 3. Il vient d'être dit qu'à côté des éléments organiques normaux, on trouve des microcoques et des bactéries mobiles, nucléées ou non. On pouvait se demander si les uns et les autres sont deux formes du même microbe. Les cultures sous le microscope, à l'aide de la chambre chaude de Ranvier, nous permettent de constater que, pourvues d'un ou de deux noyaux à leurs extrémités, quand on les place sous l'objectif, les bactéries ne tardent pas à se désagréger, à se dissoudre en quelque sorte en mettant en liberté leurs noyaux qui deviennent les corpuscules brillants. Au bout de quelques heures, ceux-ci remplissent tout le champ et remplacent les bactéries dont ils proviennent. Quant aux bactéries sans noyau, elles se divisent en fragments très courts.

L'expérimentation nous a appris que les spores et les microcoques possèdent une activité égale, sinon supérieure au virus bacillaire et que leur inoculation reproduit la tumeur et la bactérie.

Si on recueille du sang à plusieurs reprises pendant l'évolution de la maladie, il est possible de saisir le moment où ils font leur apparition. En dirigeant l'expérience de cette manière, on constate que le sang n'est virulent qu'à partir du moment où il renferme des granulations et sa virulence est aussi grande que celle des éléments figurés de la tumeur. La preuve en est fournie par l'expérience ci-dessous :

5 février 1881.— Un mouton est gravement malade d'une inoculation faite deux jours auparavant dans les muscles de la cuisse droite ; quatre heures avant sa mort, on plonge la canule d'une seringue dans l'une de ses jugulaires et on aspire quelques centimètres cubes de sang ; sans perdre de temps, on pousse 1 centimètre cube de ce liquide dans la jugulaire d'une brebis mérinos préparée à cet effet. L'examen microscopique ne montre dans ce sang que des granulations mobiles.

Dans la soirée, la brebis est triste. Le lendemain matin, on observe quelques frissons ; la tristesse a augmenté ; pas d'engorgement autour du point d'inoculation.

Le même jour, à six heures du soir, on constate une boiterie causée

par une tumeur charbonneuse qui se développe dans la profondeur de
la cuisse droite.

Le 7, mort à neuf heures du matin, soit quarante-deux heures après
l'inoculation.

La tumeur renferme des bactéries avec et sans noyaux.

L'introduction des granulations du sang dans les vaisseaux a
donc déterminé des accidents aussi considérables que l'inoculation intra-veineuse de très fortes doses des microbes de la tumeur et de l'œdème et a reproduit des microbes bactériformes.
Par conséquent, l'agent virulent du charbon symptomatique
consiste en un organisme inférieur qui se présente sous les
formes de granulations et de bâtonnets mobiles dont le plus
grand nombre est pourvu de noyau près de l'une des extrémités.

§ 4. L'isolement par les cultures successives dans des milieux
artificiels pouvait fournir la dernière preuve de la spécificité du
microbe que nous avons accusé de produire le charbon bactérien.

Ce microbe n'est pas de ceux que l'on cultive aisément.

Plusieurs essais de culture dans le sérum sanguin, le bouillon de bœuf ou de veau pur ont donné des résultats nuls ou
incomplets.

Nous avons semé dans ces milieux nutritifs du sang recueilli
sur les sujets récemment morts du charbon bactérien ou de la
sérosité musculaire puisée, avec les précautions usitées, au
sein des tumeurs symptomatiques.

Les cultures furent d'abord laissées à l'air libre. Dans ce
cas, leur activité, constatée par l'inoculation, n'a jamais dépassé la première génération.

Nous remplaçâmes alors l'atmosphère du tube à culture par
l'acide carbonique. Dans ces conditions, les cultures fécondées
avec la sérosité des tumeurs présentèrent les signes d'une prolifération plus active que celles qui avaient été ensemencées
avec le sang.

Généralement ces cultures ont conservé une virulence mortelle jusqu'à la troisième génération ; puis, pendant deux autres générations, elles ont manifesté une virulence atténuée qui conférait l'immunité aux animaux soumis à leur essai, mais au delà leur virulence a paru éteinte.

Ces cultures renfermaient des essaims de bactéries très courtes, des filaments poliarticulés et quelques bactériens isolés, mobiles, formés d'une granulation ovoïde, foncée, englobée dans une petite masse protoplasmique de même forme ou légèrement allongée, rappelant les plus fins microbes que l'on rencontre dans les muscles de la tumeur charbonneuse.

Il y avait indication à changer la composition des milieux. Des considérations de plusieurs ordres nous portèrent à croire que le bactérien du charbon symptomatique se plairait dans le bouillon de poulet additionné d'une petite quantité de glycérine et de sulfate de fer.

Douze générations successives furent obtenues en employant ce liquide nutritif et en faisant les cultures dans le vide, d'après la technique recommandée par M. Pasteur.

Cette série de culture fut extrêmement remarquable par l'uniformité de ses résultats. Effectivement, tous les tubes ont présenté des microbes d'une seule et même forme.

Ces microbes étaient fins, mobiles et composés d'une sorte de noyau sombre ou clair, selon la position de l'objectif, fort semblable à la spore des bactéries de la tumeur musculaire, et d'une aréole protoplasmique, claire, effilée à l'un de ses pôles, de manière à leur donner l'aspect d'un tout petit clou de girofle. L'aréole protoplasmique était fort difficile à voir, en raison de sa réfringence qui se rapprochait beaucoup de celle du milieu de culture. Il fut utile de l'étudier avec l'objectif n° 10, de Hartnack.

De plus, toutes ces cultures ont tué les cobayes qui les ont reçues, en produisant les lésions que nous avons décrites longuement ailleurs. Mais, à côté du fait brut qui est fort utile à constater, l'inoculation a révélé certaines particularités intéressantes.

Ainsi l'activité pathogène a cru dans les cultures successives jusqu'à la dixième génération. Les cobayes qui reçurent les sept premières sont morts vingt à vingt-deux heures après l'inoculation ; la huitième culture tuait ces animaux en dix-huit heures, la neuvième, en douze heures, la dixième, en sept heures.

Le dénoûment a été si rapide après l'inoculation de cette dernière que nous nous sommes pris à douter de la pureté de la culture. Nous pouvions être en présence d'une septicémie fou - droyante, d'autant plus que le point d'inoculation présentait un simple œdème séreux et des bactériens en clou de girofle ou de simples granulations mobiles. Mais une série d'inoculations de contrôle nous a bientôt rassurés. Avec les sucs extraits des muscles œdématiés, nous avons inoculé un chien, un lapin, un rat blanc, une poule, animaux qui jouissent de la réceptivité pour la septicémie foudroyante ou gangréneuse et en sont dépourvus pour le charbon bactérien; puis un cobaye et un mouton à qui l'on avait communiqué l'immunité contre cette dernière maladie par des inoculations antérieures, enfin deux cobayes indemnes. Or, les deux premières séries d'animaux sortirent intacts de l'épreuve, tandis que les deux cobayes indemnes furent emportés en offrant les symptômes et les lésions du charbon bactérien.

La onzième génération a donné lieu à une anomalie qui nous a fait penser un instant à l'épuisement du microbe. Le cobaye inoculé avec cette culture ne mourut qu'au neuvième jour qui suivit l'injection sous-cutanée. Il s'agissait d'un cas de résistance exceptionnelle du cobaye, car la tumeur développée sur la victime renfermait le microbe caractéristique dans toute sa beauté. En outre, la douzième génération tuait le cobaye en trente heures.

Telle a été cette série de cultures dans le bouillon de poulet additionné de glycérine et de sulfate de fer. Elle a démontré que le virus du charbon symptomatique est un parasite végétal microscopique, que l'on fait reproduire artificiellement à l'abri de l'air atmosphérique sous la forme d'une courte bactérie nucléée à une extrémité, laquelle grossit dans le tissu conjonctif et passe par les phases de bactéries longues, *vibroïdes*, d'articles courts, mobiles, à extrémités angulaires ou arrondies, auquel cas ils ressemblent à des microbactéries.

Cette étude a encore montré qu'il existe des ressemblances frappantes, au point de vue morphologique, entre le microbe du charbon bactérien, le ferment butyrique et l'agent de la septicémie gangréneuse de l'homme.

II

RÉSISTANCE DU MICROBE SPÉCIFIQUE AUX CAUSES DE DESTRUCTION

Puisqu'il est prouvé que les microbes, à l'état de mycélium et de spores, sont les agents exclusifs du charbon, puisqu'ils existent par milliards de milliards dans les tissus des malades, examinons ce qu'ils deviennent quand ils sont mis en liberté par la manipulation, le dépeçage ou la putréfaction des cadavres et qu'ils tombent sur des corps où ils se désséchent rapidemment, ou bien arrivent dans la terre et les eaux.

Pendant combien de temps conservent-ils leurs propriétés? Sous quel état? Peuvent-ils être détruits rapidement? Question capitales pour l'hygiène et la pathologie dont on voit de suite les conséquences pratiques.

Nous allons suivre le virus hors du cadavre d'un sujet qui vient de succomber.

L'examen doit porter sur le virus frais récemment échappé du cadavre et sur celui qui en est sorti depuis un temps variable. Dans ce dernier cas, deux circonstances peuvent se présenter ; Le virus frais est tombé dans l'eau ou dans un milieu saturé d'humidité, ou bien il a été projeté sur un corps sec : pierre, bois, etc., par une température élevée et il se dessèche rapidement.

Sous l'un ou l'autre état, nous avons examiné la façon dont il se comporte vis-à-vis : *a)* du froid ; *b)* de la chaleur sèche et de la chaleur humide; *c)* de l'eau et d'un milieu humide ; *d)* de la putréfaction ; *e)* de diverses substances et agents chimiques.

Mais il convient de dire dès maintenant et pour éviter des répétitions que *la résistance et, par suite, l'activité du virus desséché sont beaucoup plus considérables que celles du virus frais* et conséquemment, quand nous dirons que ce dernier résiste à l'un des agents qui viennent d'être énumérés, ce sera indiquer implicitement que le virus désséché en fait autant, tandis que l'inverse n'est pas vrai.

ACTION DU FROID. — Nous allons purement et simplement transcrire ici une expérience faite par nous pendant le rigoureux hiver de 1880-81, elle montrera comment se comporte le microbe vis-à-vis de la congélation.

15 janvier 1881. — Avec les muscles d'un mouton qui vient de succomber au charbon symptomatique, on prépare un liquide très virulent. Ce liquide est recueilli dans un verre placé lui-même dans une capsule pleine de glace pilée : le tout est posé sur le rebord d'une des fenêtres du laboratoire. Le liquide de pulpe ne tarde pas à se congeler et à se prendre en un bloc qu'on ne touche ni ne déplace pendant les journées et les nuits des 16 et 17 qui sont extrêmement rigoureuses. Dans la matinée du 18, on fait dégeler le morceau de glace ; l'examen microscopique montre les microbes avec leur mobilité habituelle ; on inocule 5 gouttes du liquide obtenu à un cobaye qui meurt douze heures après l'inoculation, en présentant une tumeur charbonneuse.

ACTION DE LA CHALEUR. — Bien différents sont les résultats, suivant que la chaleur agit sur du virus frais ou sur du virus desséché, et suivant que la chaleur est elle-même sèche ou humide. Ce sont autant de conditions à examiner.

1° *Action médiate de l'air chaud sur le virus* FRAIS. — Si l'on enferme du virus frais dans un tube qu'on scelle à la lampe et qu'on place dans une étuve, on constate, par une série d'inoculations, que jusqu'à 65° la chaleur ne paraît pas produire d'effets bien appréciables sur le contage, tout au moins quand elle n'est continuée que pendant une durée de dix à trente minutes, ce qui est le cas de nos essais ; la mort arrive invariablement de la douzième à la trentième heure chez les sujets inoculés avec du virus ainsi chauffé. A partir de 65°, nous avons observé une proportion soutenue entre la durée de la chauffe et le moment de la mort des cobayes inoculés. L'expérience suivante met bien cette corrélation en évidence :

30 juin 1882. — A une série de cobayes, on inocule 5 gouttes d'un virus frais qui a été chauffé :

A 65° pendant 15 minutes; le cobaye inoculé est mort 12 h. après.
—	20′	—	—	20 h.	—
—	30′	—	—	30 h.	—
—	40′	—	—	45 h.	—
—	70′	—	—	45 h.	—

Si, au lieu d'augmenter la durée de la chauffe, on en augmente le degré et qu'on laisse une heure à l'étuve chauffée à 70°, l'inoculation des virus amène la mort de la cinquante-cinquième à la soixante-cinquième heure.

Si l'on chauffe à 80° pendant deux heures, l'activité virulente est complètement anéantie, l'inoculation ne produit rien. Il n'y a pas, dans ce cas, atténuation et transformation du virus en vaccin, car, à l'épreuve, les sujets ont toujours succombé.

Enfin, si l'on place le virus dans une étuve à 100°, il est

nécessaire de l'y laisser pendant *vingt minutes* pour anéantir complètement la virulence.

2° *Actions immédiate et médiate de l'eau chaude sur le virus* FRAIS. — La simple projection d'eau bouillante sur le virus ne suffit pas à en détruire les funestes propriétés. Si l'on place, par exemple, 2 centimètres cubes de virus au fond d'un verre, qu'on verse dessus trois fois la même quantité d'eau bouillante, soit 6 centimètres cubes, et qu'on abandonne le tout pour l'inoculer après refroidissement, l'inoculation donne des résultats positifs. Mais si l'on plonge le virus renfermé dans un tube fermé, comme il a été dit tout à l'heure, dans l'eau bouillante, un séjour de *deux minutes* suffit pour le rendre inactif, et jusqu'à présent il ne nous a pas paru qu'il fût devenu vaccinal.

On voit que l'action médiate de l'eau chaude est bien supérieure à celle de l'air chaud.

3° *Action immédiate de l'air chaud sur le virus* DESSÉCHÉ. — Si du liquide de pulpe charbonneuse est répandu en couches très faibles sur un corps non poreux, et que l'évaporation et la dessiccation se fassent à une température de 35°, rapidement, de façon que la putréfaction n'ait pas le temps d'intervenir, il se forme un résidu brunâtre où le microbe spécifique conserve toute son activité. Il suffit d'en délayer un peu dans quelques centimètres cubes d'eau pour obtenir un liquide dont les effets ne diffèrent point de ceux produits par le virus frais. Dans ces conditions, la conservation intégrale de ses propriétés dure au moins deux ans.

On peut soumettre ce résidu à des lavages successifs jusqu'à ce qu'il ait abandonné la matière colorante qu'il renferme; on obtient, après dessiccation, une poussière impalpable, blanchâtre qui est aussi active que les liquides fraîchement extraits des tumeurs.

Quand on expose dans une étuve ce virus ainsi desséché,

soit après l'avoir légèrement hydraté, soit après l'avoir mélangé à de l'eau, l'expérimentation montre qu'il faut maintenir l'étuve à 85° pendant six heures pour obtenir une diminution d'activité sensible. Mais elle n'est pas très prononcée, car si l'on rencontre des sujets doués d'une grande susceptibilité, bouvillons et moutons, si l'on inocule des doses massives ou si l'on s'adresse à de très jeunes cobayes, on amène la mort.

En chauffant, pendant le même laps de temps, à 90°, 95° et 100°, on obtient des virus de plus en plus affaiblis, comme nous le dirons en traitant de l'atténuation, mais non totalement anéantis. L'expérience suivante en est la preuve :

18 janvier 1882. — On délaye un peu de pulpe desséchée et chauffée à 100° pendant six heures dans quantité suffisante d'eau, et avec le liquide ainsi préparé, on inocule un petit cobaye âgé de quarante-huit heures et un cobaye adulte ; le premier reçoit 1/2 centimètre cube, le second 1 centimètre cube. L'adulte a résisté, le jeune est mort le surlendemain, en présentant à la cuisse une tumeur des plus caractéristiques.

Lorsque le chauffage est poussé à 110° et continué pendant six heures, on tue le contage ; car, dans ce cas, nous n'avons jamais vu l'inoculation être suivie d'aucun effet, même sur de très jeunes sujets.

Ces recherches montrent que le virus bactérien *desséché* est doué d'une grande résistance à l'action modificatrice de la chaleur.

4° *Action médiate de l'eau chaude sur le virus* DES-SÉCHÉ. — Placé dans un tube comme le virus frais et plongé dans l'eau bouillante pendant une heure, le virus desséché conserve toute son activité. Nous nous sommes alors demandé si, en le triturant à l'avance dans une quantité suffisante d'eau de façon à en faire un liquide analogue à celui qui sert aux inoculations expérimentales, en le rapprochant davantage du virus frais, la chaleur n'aurait pas plus de prise sur lui. Il n'en fut rien. Il est nécessaire de laisser le virus sec au moins *deux heures* dans l'eau bouillante pour en annihiler les propriétés contagieuses.

ACTION DE L'EAU OU D'UN MILIEU SATURÉ D'HUMIDITÉ A LA TEMPÉRATURE AMBIANTE. — Quand le virus frais tombe dans une grande quantité d'eau, il s'y dilue et s'atténue par cette dilution comme il sera dit ultérieurement. Si on le place dans une petite quantité d'une eau tranquille, les microbes ne tardent pas à tomber au fond et la partie supérieure est inoffensive, son inoculation ne donne rien. Peu à peu ces microbes s'atténuent dans leur virulence, mais cela d'une façon extrêmement variable qui tient peut-être aux sels en solution naturelle dans l'eau. Il nous est arrivé de ne rien obtenir par inoculation faite après cent vingt heures de séjour dans l'eau, d'autres fois la virulence s'est prolongée trois mois et plus.

ACTION DE LA PUTRÉFACTION ET DE QUELQUES AUTRES FERMEN-TATIONS. — Quand le cadavre est enfoui et que la putréfaction s'en est emparée, les agents de la putréfaction détruisent-ils ceux du charbon symptomatique ? Nous nous sommes assurés qu'il n'en est rien, au moins pendant six mois, par l'expérience qui suit :

12 novembre 1880. — On enlève les muscles les plus noirs d'une tumeur siégeant à la cuisse d'une génisse qui vient de succomber au charbon, on les met dans un vase mal bouché qu'on abandonne sur le rebord d'une des fenêtres du laboratoire. Le 18 mai 1881, plus de six mois après, on examine ces muscles qui sont réduits en une sorte de putrilage répandant une odeur insupportable; ils fourmillent de vibrions et de bactéries de toutes sortes, parmi lesquels le vibrion serpentiforme caractéristique de la putréfaction. On achève de broyer ces muscles dans un peu d'eau; on presse et l'on passe sur un tamis; 5 gouttes du liquide filtré sont inoculées à un cobaye qui meurt à la cinquantième heure, en présentant uue tumeur de la cuisse. Pour nous assurer que cette tumeur est bien de nature charbonneuse et que le cochon d'Inde n'a pas succombé à la septicémie, nous faisons une pulpe avec la tumeur qu'il nous offre et nous pratiquons une inoculation au lapin, ce réactif de la septicémie. Il n'en ressent rien.

Il faut se garder de croire, toutefois, qu'avec les matières *putréfiées* d'un cadavre charbonneux on obtient constamment et exclusivement le charbon. A côté de ce résultat, il arrive que les inoculations restent parfois complètement inoffensives ; dans d'autres cas on obtient simplement la septicémie et d'autres fois on obtient à la fois le charbon et la septicémie. Il est impossible de prévoir à l'avance ce que l'on obtiendra comme de se rendre compte par l'examen microscopique de la nature des microbes observés.

Trente mois après la mort, des inoculations faites avec un liquide extrait des muscles réduits en putrilage de la génisse dont il vient d'être question ont été constamment négatives. Nous n'en conclurons pas, d'une façon catégorique, qu'après ce temps d'enfouissement les bactéries charbonneuses sont entièrement détruites; nous avons trop présent à l'esprit les recherches de M. Pasteur sur la conservation des spores du *B. anthracis* dans les lieux infectés. Nous en déduirons tout au plus que si elles existent, ou bien un petit nombre seulement ont survécu, ou elles ont été atténuées dans leur virulence première et une série de cultures serait nécessaire pour la leur redonner.

Si le microbe du charbon symptomatique peut vivre à côté de celui de la putréfaction, la présence du *Bacillus anthracis* ne l'entrave point non plus. L'observation a appris depuis longtemps qu'on voit dans les mêmes localités régner côte à côte les diverses formes carbunculaires distinguées par Chabert ; c'est le cas du Bassigny. L'expérimentation nous a montré qu'on pouvait faire évoluer le sang-de-rate et le charbon bactérien sur le même sujet ; en voici un exemple :

6 janvier 1881. — On pousse 1/2 centimètre cube de virus bactérien dans la cuisse d'un cobaye à l'aide d'une seringue Pravaz qui vient d'être employée par M. Chauveau pour inoculer le sang-de-rate et dans laquelle sont restées des bactéridies. Les 8 et 9, le cobaye a la cuisse tuméfiée et boite fortement. On le trouve mort le 10 au matin. Sa cuisse est le siège d'une tumeur qui offre les caractères et les bactéries du charbon symptomatique, tandis que son sang fourmille de bâtonnets du sang-de-rate.

Il nous semble inutile de multiplier les exemples de concomitance des deux maladies sur le même sujet. M. Chauveau qui s'est occupé aussi de ce point, est arrivé aux mêmes résultats que nous.

La bactérie charbonneuse vit probablement à côté du ferment butyrique, car quelques heures après la mort des bovidés, leurs muscles exhalent une odeur spéciale. Quant aux microbes de cette fermentation, ils se montrent à côté des bactériens spécifiques sans paraître les gêner et sans en être entravés dans leur évolution.

Nous avons voulu savoir de plus si le ferment qui se trouve dans la présure et lui communique la propriété coagulante qu'il exerce sur la caséine du lait, est détruit par la bactérie charbonneuse ou réciproquement. Nos expériences sur ce point nous ont démontré que chacun de ces ferments conserve son activité propre, du moins après un mélange de quarante-huit heures. La propriété coagulante de la présure n'est point annihilée et le lait ainsi coagulé, réduit en une bouillie très liquide, communique le charbon par inoculation.

Il en est de même de la torulacée de la fermentation ammoniacale ; elle ne détruit pas la bactérie charbonneuse et n'est pas détruite par elle à la suite d'un contact de même durée.

Ainsi, et sans préjuger ce qui arriverait si le mélange

avec des microbes aérobies ou anaérobies était plus prolongé qu'il ne l'a été dans nos expériences, le virus bactérien produit ses effets parallèlement à ceux d'autres organismes qui, comme lui, sont fonctions de maladies redoutables ou de phénomènes spéciaux de fermentation.

ACTION DE DIVERS AGENTS CHIMIQUES. — Nous nous sommes livrés à une étude longue, minutieuse de l'action d'un grand nombre de substances vis-à-vis du virus bactérien. Sa puissante résistance en face des agents atmosphériques, froid et chaleur, nous poussait à rechercher quelles sont les substances auxquelles doivent s'adresser l'hygiéniste et le thérapeutiste pour le détruire. C'est là une question de premier ordre. Nous sommes arrivés à des résultats pleins d'intérêts, comme on va le voir.

En nous plaçant aussi près que possible des conditions de la pratique, nous avons fait agir sur le ferment charbonneux un grand nombre de substances liquides ou en dissolution, recommandées dans les injections ou les lavages antiseptiques. Nous avons étudié également les gaz ou les substances liquides susceptibles de se vaporiser spontanément, préconisés pour la désinfection des habitations.

En agissant sur du virus frais et sur du virus désséché, nous avons bien vite constaté, comme nous l'avions déjà vu à propos de l'action de la chaleur, que la résistance du virus désséché est beaucoup plus considérable que celle du contage frais. Toute substance capable de détruire l'activité du premier anéantit celle du second et ici encore l'inverse n'est pas exact.

Les diverses matières employées ont été laissées quarante-huit heures en contact avec le virus. Les substances gazeuses ont été amenées dans un bocal fermé par un bouchon luté à la cire auquel était suspendu un verre de montre contenant le virus, le tout d'après un dispositif indiqué par notre collègue M. Péteaux. Il va de soi que pour l'essai de l'activité, on s'est servi constamment de la même quantité de virus (5 gouttes) qui a été inoculée par injection hypodermique.

Nous allons résumer dans les deux tableaux suivants, l'action des substances essayées vis-à-vis du virus frais, et dans un troisième nous indiquerons celles qui détruisent le virus desséché et celles qui, susceptibles de le détruire à l'état frais, sont impuissantes quand il est sec.

A. Action de substances liquides ou en dissolution sur le virus FRAIS

NE DÉTRUISENT PAS LA VIRULENCE	DÉTRUISENT LA VIRULENCE
Alcool à 90°.	Acide phénique (solut. aqueuse à 2/100).
Alcool camphré (saturé).	— salicylique (1/1000).
Alcool phéniqué (à saturation et à 1/200.	— borique (1/5).
Glycérine.	— azotique (1/20).
Ammoniaque.	— sulfurique (dilué).
Acétate d'ammoniaque.	— chlorhydrique (1/2).
Sulfate —	— oxalique (à saturation).
Sulfhydrate —	Alcool salicyliqué (id.).
Carbonate —	Soude.
Benzine.	Potasse (1/5).
Chlorure de sodium (dissol. saturée).	Eau iodée.
Chaux vive et eau de chaux.	Salicylate de soude (1/5).
Polysulfure de calcium (1/5).	Permanganate de potasse (1/20).
Sulfate de fer (1/5).	Sulfate de cuivre (1/5).
Sulfate de quinine (1/10).	Nitrate d'argent (1/1000).
Borate de soude (1/5).	Sublimé corrosif (1/1000).
Hyposulfite de soude (1/2).	Camphre bichloré Cazeneuve (solution
Acide tannique (1/5).	alcoolique saturée).
Iodoforme (dissol. alcoolique saturée)	Chloral (3/100).
— en poudre.	Acétate d'alumine 1/200.
Silicate de potasse (1/200).	Acide picrique (solution saturée).
Eau oxygénée.	Naphthaline (solut. alcoolique à 2/100).
Chlorure de zinc.	Acide benzoïque (2/100).
Chlorure de manganèse.	Essence d'eucalyptus (1/800).
Essence de térébenthine.	Essence de thym (1/800).
Camphre monochloré Cazeneuve (solution alcoolique saturée).	

B. Action de gaz ou de substances employées à l'état de vapeurs sur le virus FRAIS

NE DÉTRUISENT PAS LA VIRULENCE	DÉTRUISENT LA VIRULENCE
Ammoniaque. Acide sulfureux. Chloroforme. Hydrogène sulfuré. Ozone.	Brome. Chlore. Sulfure de carbone. Vapeurs d'essence de thym. — — d'eucalyptus.

C. Action de substances liquides ou gazeuses sur le virus DESSÉCHÉ

NE DÉTRUISENT PAS LA VIRULENCE	DÉTRUISENT LA VIRULENCE
LIQUIDES OU SOLUTIONS Acide oxalique. Permanganate de potasse. Soude. GAZ OU VAPEURS Chlore. Sulfure de carbone. Vapeurs d'essence de thym. — — d'eucalyptus.	LIQUIDES OU SOLUTIONS Acide phénique (2/100). — salicylique (1/1000). Nitrate d'argent (1/1000). Sulfate de cuivre (1/5). Acide chlorhydrique (1/2). Acide borique (1/5). Alcool salicyliqué (à saturation). Sublimé (1/5000). GAZ OU VAPEURS Brôme.

Il ne faudrait pas donner une valeur *absolue* aux résultats exposés dans ces tableaux, ils ne valent que dans les conditions où les expériences ont été réalisées, c'est-à-dire pour quarante-huit heures de contact. Afin d'arriver à comparer la résistance du virus pour telle ou telle substance, il était nécessaire de se placer dans des conditions identiques de temps et

de quantité. Mais il est possible que des substances impuissantes à annihiler le contage par une action continuée pendant deux jours finissent par le détruire à la suite d'un contact prolongé pendant quatre, cinq ou six jours. Nous nous en
sommes assurés pour quelques-unes. Si l'on soumet du virus
désséché à l'action des vapeurs de thymol ou d'eucalyptol, au
bout de quarante-huit heures, l'inoculation de ce virus est toujours positive ; après soixante-dix heures, elle occasionne souvent une tumeur qui reste localisée et dont les sujets guérissent
en acquérant l'immunité ; enfin, après cent heures, elle donne
des résultats négatifs. Nous dirons plus loin quel parti on peut
tirer de l'emploi d'agents chimiques en graduant le temps
ou le titre de la solution, pour l'atténuation du virus bactérien

Entrons dans quelques commentaires relatifs aux résultats
obtenus. On remarquera d'abord que plusieurs substances,
préconisées unanimement comme antiseptiques, sont sans effet
sur le virus même à l'état frais.

L'alcool pur, camphré ou phéniqué que les chirurgiens em-
ploient volontiers pour le lavage de leurs instruments ne peut
donner ici qu'une sécurité illusoire. La chaux, que les hygié-
nistes recommandent de jeter sur les cadavres des animaux
charbonneux et dont ils font badigeonner les murs est dans le
même cas ; au moment de son hydratation et par la chaleur
dégagée, il y a probablement quelques microbes de détruits,
ceux qui se trouvent à la surface, en contact immédiat avec
elle, mais à une profondeur insignifiante, ils ont conservé toute
leur activité. Nous avons coupé, dans des tumeurs charbonneuses de très minces lanières musculaires, et nous les avons
enrobées et enfouies dans de la chaux vive. Triturées après
quarante-huit heures de contact, elles nous ont fourni un
liquide très actif. Les badigeonnages au silicate de potasse sont
également sans action sur le virus.

L'inefficacité de l'acide tannique nous porte à nous demander

si le tannage des cuirs est vraiment propre à détruire la virulence ; la réponse est négative pour la salaison, le chlorure de
sodium n'a pas de prise sur le microbe. Nous étions curieux
de savoir si le sulfate de quinine, si recommandable dans les
affections paludéennes, vraisemblablement de nature micro-
bienne, aurait quelque action ici et fournirait une ressource
au thérapeutiste ; il s'est montré radicalement impuissant.

L'ammoniaque et tous ses composés sont dans le même cas ;
constatation importante pour les mesures à prendre vis-à-vis
des fumiers et du purin. Le transport dans les champs et
l'épandage d'engrais contaminés sont un mode de dissémination
du contage. Au point de vue de la thérapeutique, il n'y a pas
lieu de compter comme on le faisait, sur l'efficacité de l'acétate
d'ammoniaque. L'emploi du sulfate de fer ou du chlorure de
manganèse a été recommandé à plusieurs reprises pour la
désinfection des fumiers, des fosses à purin, des égouts ; ces
substances laissent entière la virulence des débris charbonneux. L'eau de Saint-Luc, qui est une solution de chlorure de
zinc mise journellement en usage dans les hôpitaux comme
désinfectante, est sans action ici.

Nos expériences nous ont montré avec une constance déses-
pérante que l'acide sulfureux, agent héroïque de destruction
pour quelques parasites élevés en organisation ainsi que pour
quelques virus, et dont, à ce titre, les fumigations sont recommandées très fréquemment comme désinfectantes, n'a pas
de prise sur le microbe du charbon bactérien. Le chlore, le
sulfure de carbone, les essences de thym et d'eucalyptus qui
agissent sur le virus frais, sont impuissantes sur le virus
désséché. Seul, de toutes les substances que nous avons employées à l'état de vapeurs, le brome s'est montré capable de
détruire le virus sec, seul il nous inspire une sécurité complète.
L'essence de térébenthine, recommandée par M. Pasteur pour
la destruction du *Bacillus anthracis*, n'a pas d'efficacité contre

le *bactérium* du charbon. Il en est de même de l'eau oxygénée. Présentée comme un moyen d'arriver à la distinction des virus à éléments figurés qu'elle détruirait et des virus amorphes qu'elle laisserait intacts, vantée même comme un moyen d'atténuation et de transformation du virus bactérien en vaccin (1), elle s'est montrée constamment impuissante entre nos mains. Nous nous sommes servi d'eau titrant 10, 13 et même 15, et nous l'avons laissée de quatre à quatre-vingt-seize heures en présence du virus enfermé dans des tubes scellés à la lampe. Toujours les résultats ont été négatifs, toujours le virus a conservé toute son activité et a tué les cobayes d'expériences.

L'hydrogène sulfuré auquel M. de Froschaüer a reconnu la propriété d'arrêter le développement de quelques moisissures et que, par induction, M. Zundel a proposé pour le traitement ducharbon bactérien (2) n'a pas davantage d'action surson virus.

En tête des substances actives se placent le sublimé corrosif dont la solution au 1/5000 est encore anti-virulente; le nitrate d'agent qui, au 1/1000, est sûrement dans le même cas, qui, au 1/5000, a une action sur laquelle on ne peut compter avec sécurité, et qui, au 1/10000, est impuissant ; l'acide salicylique, actifdans ses solutions jusqu'au 1/1000, estimpuissant à 1/2000; le thymol et l'eucalyptol, dont les solutions à 1/800 sonttrès efficaces ; puis vient l'acide phénique qui à 2/100 est efficace et dont le bas prix doit faire un des désinfectants ordinaires.

Nous avons recherché combien de temps il est nécessaire que les solutions d'acide phénique à 2/100 et celles d'acide salicylique à 1/1000 soient en contact avec le ferment charbonneux pour l'annihiler. Nos expériences nous ont appris qu'il faut au minimum *huit heures* quand il s'agit de virus frais et qu'il ne faut pas moins de *quinze à vingt heures* pour le virus desséché.

(1) Nocard et Mollereau, in *Bulletin de l'Académie de médecine*, 1883, p. 3.
(2) *Recueil de médecine vétérinaire*, 1882, p. 1045.

L'action qu'exerce l'alcool sur l'acide phénique nous paraît également du plus haut intérêt au point de vue chirurgical.

Il vient d'être dit que l'acide phénique est un antiseptique sur lequel on peut compter, même quand il est dilué dans l'eau au 2/100. Qu'au lieu de faire une solution aqueuse, on fasse dissoudre dans l'alcool, aussitôt l'acide phénique n'agit plus sur le microbe ; qu'on fasse des solutions étendues au 2/100, ou bien qu'on les concentre jusqu'à saturation, le résultat est le même. Koch a déjà constaté pour d'autres virus à spores un fait analogue. Par contre, l'acide salicylique et la naphtaline dissous dans l'alcool conservent toute leur puissance antiseptique. La chimie nous fera peut-être connaître un jour quelles réactions s'opèrent par le mélange d'acide phénique et d'alcool, quelles combinaisons nouvelles en résultent et comment la nocivité du ferment charbonneux est respectée. C'est probablement à un effet de ce genre qu'il faut attribuer le défaut d'action de l'iodoforme sur la bactérie charbonneuse. Voilà effectivement un corps qui renferme 96,4 pour 100 d'iode, c'est-à-dire du métalloïde le plus destructeur du virus bactérien, et qui combiné à trois parties de carbone et à des traces d'hydrogène, devient impuissant.

III

CONSIDÉRATIONS SUR LA DESTRUCTION, L'AFFAIBLISSEMENT ET LA RÉCUPÉRATION DU POUVOIR TOXIQUE DE LA BACTÉRIE CHARBONNEUSE

La connaissance des résultats qui viennent d'être exposés fait naître dans l'esprit, toujours avide de connaitre la raison des choses, plusieurs questions auxquelles nous avons tenté de répondre expérimentalement.

Examinons d'abord un premier point. La propriété virulente est-elle liée aux mouvements des microbes? Quand on examine des liquides où ils fourmillent, on les voit comme il a été dit précédemment, doués d'une mobilité extrême : ils tournoient sur eux-mêmes, se présentent tantôt par une extrémité, tantôt par une autre, s'enfoncent et remontent à la surface du liquide. Les granulations sont plus mobiles encore que les bactéries. Si l'on range ces mouvements dans le groupe de ceux qu'on appelle spontanés et qu'on les assimile à ceux des zoospores ou mieux des Oscillariées et des Palmelles, il est bon de se demander si la mobilité de ces corps protoplasmiques est liée à leurs propriétés nocives et si la destruction de celles-ci entraîne l'anéantissement de celles-là. Pour résoudre la question, nous avons cherché des substances dont les vapeurs n'ont pas d'action corrosive et destructive des bactéries, mais qui néanmoins en anéantissent complètement les propriétés virulentes. Les essences d'eucalyptus et de thym sont dans ce cas. Mis en contact pendant quarante-huit heures avec les vapeurs qu'elles laissent dégager, le virus frais devient inoffensif et son inoculation ne donne rien. Pourtant l'examen microscopique montre les microbes doués de leur mobilité normale et s'agitant comme à l'ordinaire dans le liquide qui les contient. Leurs formes ne sont point altérées, ils continuent à vivre, à jouir de toutes leurs propriétés sauf la toxicité. Si l'on soumet un pareil virus à l'évaporation par le vide, de façon à dégager le thymol ou l'eucalyptol, qu'on l'inocule ensuite, il continue à rester inactif.

Nous sommes donc autorisés à conclure que la mobilité et la virulence ne sont pas étroitement liées l'une à l'autre et que la deuxième est anéantie avant que la première soit atteinte.

Si l'on se rappelle qu'une immersion de deux minutes dans l'eau bouillante suffit pour détruire le virus frais, tandis qu'il est nécessaire d'y laisser pendant deux heures le virus desséché pour produire le même résultat, on est amené à conclure que la résistance du contage desséché est environ soixante fois plus grande que celle du virus frais. Cette grande différence dans la résistance aux causes de destruction entre le virus frais et le virus desséché, ne tiendrait-elle point à ce que le second est constitué par des spores dont la vitalité est bien supérieure à celle du mycélium qui constituerait presque uniquement le premier? On l'a soutenu pour le *Bacillus anthracis* et le fait a été prouvé pour beaucoup de schyzomycètes et de champignons d'ordre plus élevé. L'examen microscopique du virus bactérien frais y montre, à côté de bâtonnets sans noyaux, un grand nombre de bactéries nucléées à une seule ou à leurs deux extrémités et des corpusculées libres en abondance. Quelque idée que l'on se fasse de ces noyaux, qu'on les considère comme des spores ou comme des gouttelettes huileuses (Cohn), qu'on les appelle corpuscules ou cellules durables, si on les soumet pendant deux minutes dans l'eau bouillante, libres ou encore enclavés dans le mycélium producteur, ils sont détruits, tandis que s'ils ont été desséchés préalablement à 33°, ils acquièrent une telle résistance qu'il faut deux heures de chauffage dans l'eau bouillante pour les anéantir. Est-ce parce que, dans le premier cas, ils sont en voie de développement? Serait-ce plutôt parce que, rejetés hors de l'organisme où ils évoluent facilement, desséchés et placés dans un milieu moins favorable, ils se sont adaptés à de nouvelles conditions et ont acquis une puissance de résistance beaucoup plus considérable, en quelque sorte nécessaire pour assurer la pérennité de l'espèce? Ou bien enfin, serait-ce simplement parce qu'ils se sont comme raccornis en se desséchant et qu'ils rendent alors plus difficile la pénétration et l'attaque de l'eau et des substances antiseptiques?

On a dû remarquer qu'il n'y a pas de proportionnalité entre la causticité d'une substance et ses effets vis-à-vis des bactéries. Telle substance, le chlorure de zinc, par exemple, qui, appliquée sur les tissus des êtres supérieurs, les corrode et les

désorganise est sans action sur le microbe charbonneux ou
l'atténue simplement si le contact est suffisamment prolongé.
Nous avons laissé du virus pendant quarante-huit heures dans
une solution à 1/10. Au bout de ce temps, il n'avait point perdu
son activité, l'inoculation nous l'a démontré. Par opposition, des
substances d'origine végétale, telles que le thymol et l'eucalyptol qu'on odore avec plaisir, qui n'attaquent pas ou attaquent
d'une façon insignifiante les tissus, tuent promptement le contage charbonneux.

Il n'y a pas de comparaison possible à établir entre la susceptibilité des êtres supérieurs, animaux ou végétaux, pour des
substances qui sont pour eux toxiques ou indifférentes et celle des
microbes. Il n'y en a pas non plus à établir pour les microbes
entre eux. Tel végète dans une solution d'acide salicylique ou
d'acide arsénieux qui tue net tel autre. Celui-ci évolue à mer-
veille dans le sulfate de fer ou la glycérine. Tel agent qui jouit
avec raison de la réputation d'excellent antiseptique, quand on le
juge d'aprèss es effets sur certains ferments ou virus ne la mérite
plus lorsqu'on le met en présence de quelque autre. Par exemple,
l'acide sulfureux qui détruit rapidement le ferment de la septicémie gangréneuse de l'homme, respecte celui du charbon symptomatique; cette différence est telle que nous avons pu l'utiliser
à séparer ces deux microbes dans un mélange où nous les avions
intentionnellement associés Fait très important qui démontre
qu'il est possible de substituer l'usage des agents antiseptiques à
la méthode des cultures successives pour opérer la séparation des
germes virulents. On ne saurait trop le répéter, parce que c'est
une vérité méconnue tous les jours, les recherches actuelles
doivent tendre à la détermination d'antiseptiques spéciaux à
chaque maladie contagieuse; on ne peut pas généraliser. Ce n'est
que lorsque cette détermination sera faite que la thérapeutique
des maladies contagieuses et leur prophylaxie deviendront ra-
tionnelles.

Avant leur destruction, les germes, nous l'avons déjà dit, su-
bissent un affaissement graduel de leur virulence, deviennent de
moins en moins actifs, passent un moment à l'état de vaccins, puis
sont détruits et deviennent inertes. On a pu suivre ces transfor-
mations successives à propos de l'action de la chaleur et l'on
verra au chapitre VI, que nous avons basé un procédé de
vaccination sur la connaissance de ces faits. Il importe que
l'on sache dès maintenant que l'état vaccinogène d'un virus
n'est qu'une phase, un stade de son affaiblissement, quelle que
soit la cause, la condition déterminante de cet affaiblissement.
En voici une preuve basée sur la facile évaporation de l'alcool :

6 novembre 1882. — On fait un mélange de virus et d'alcool phéniqué, lequel mélange essayé après quarante-huit heures de contact, a
conservé toute son activité et tue le cobaye. On laisse ce mélange dans
le laboratoire, recouvert d'une feuille de papier simplement posée sur
le verre pour empêcher les impuretés de le souiller, mais laissant l'évaporation de l'alcool se produire.

Le 14 novembre, après huit jours d'évaporation de l'alcool, le mélange
ne tue plus le cobaye et le vaccine.

Le 15 décembre, la proportion d'alcool ayant diminué de plus en plus
et l'acide phénique étant en quelque sorte en dissolution simplement
aqueuse, le microbe est tué, l'inoculation ne produit rien sur le cobaye
et ne le préserve plus des effets de l'inoculation du virus actif.

Tant que le microbe végète, sa nocivité persiste, amoindrie,
latente en quelque sorte, mais prête à se manifester quand des
conditions favorables se présenteront. Elle est persistante, car
si l'on prend du virus chauffé à 100° pendant six heures et qui
ordinairement ne tue plus les adultes, mais leur confère seulement
une légère immunité, facile à vaincre, qu'on inocule ce virus à un
petit cobaye qui vient de naître, on le fera mourir en cinquante
heures avec une tumeur charbonneuse. Quoique amoindri, ce
virus peut tuer encore s'il pénètre en masse dans l'économie.
L'expérience qui suit en fournit la preuve :

15 octobre 1881.— On prend quatre cobayes qu'on partage en deux
séries de deux chacune. Les deux sujets de la première série reçoivent
cahcun 1/2 centigramme de pulpe chauffée à 85°. Ceux de la deuxième
série reçoivent chacun 3 centigrammes de la même pulpe. Ils meurent en
quarante-huit heures, tandis que les deux premiers résistent ; de plus,
éprouvés dix jours plus tard avec du virus frais, ces animaux ont bien
supporté l'épreuve.

Ces faits font pressentir qu'il ne nous a jamais été possible de
fixer l'atténuation obtenue et de faire, comme M. Pasteur et récemment M. Chauveau ont avancé que la chose est possible
pour la bactéridie du sang-de-rate, des races de microbes atténués. Chaque fois que nous avons repris du liquide virulent sur
des cobayes âgés de cinquante heures et tués par du virus vaccinal pour les adultes, ou sur des cobayes plus vieux et tués
comme il vient d'être dit par des doses massives, ce liquide avait
recupéré toutes ses propriétés, retrouvé par ce passage dans un
organisme sa funeste puissance et tuait les sujets auxquels on
l'inoculait.

Le protoplasma constituant des microbes n'avait été que gêné
temporairement, soit dans l'élaboration d'un principe toxique qui
cause la mort, soit dans sa puissance de prolifération, soit dans
l'une et l'autre.

IV

CONSÉQUENCES PRATIQUES

Les notions que nous venons d'acquérir sur la physiologie du
microbe du charbon bactérien nous ont montré que dans la lutte
pour la vie que se livrent tous les êtres, celui-ci est doué d'une
vitalité énorme qui lui permet de résister longtemps aux causes
diverses de destruction et d'évoluer parallèlement à d'autres
germes. Privilège redoutable qui vient s'ajouter à la rapidité de

sa multiplication et nous explique comment les épizooties charbonneuses réapparaissent annuellement.

Avec le nombre et la résistance des ferments morbides, tout
serait péril en la nature si ces ferments ne devenaient à un
moment donné des préservatifs, des vaccins contre eux-mêmes,
si à leur présence et comme déterminantes de leur nocivité,
ne venaient s'ajouter des conditions nécessaires de réceptivité
tenant à l'espèce, à l'âge, à la nourriture, à la température, etc.
Néanmoins le danger qu'ils présentent est trop grand encore
comme en témoignent les ravages faits dans nos étables et nous
devons chercher à l'écarter.

Les conséquences des recherches qui viennent d'être exposées, tant pour le manuel opératoire de la désinfection des
locaux et des objets contaminés par le virus bactérien que pour
les pratiques chirugicales et thérapeutiques, se déduisent
d'elles-mêmes.

Tout en tenant compte de la question de prix qui n'est pas
de notre compétence, on pourra faire un choix judicieux à l'aide
des tableaux que nous avons dressés.

Puisque la destruction du virus frais est beaucoup plus facile
que celle du virus désséché, il y a toujours avantage à pratiquer
la désinfection du sol et des étables, des harnais, du linge,
aussitôt après l'enlèvement du cadavre. On a le choix entre
plusieurs agents et notamment les acides phénique, salicylique, borique, le sulfate de cuivre, le chloral, le sublimé et les
vapeurs de chlore, de brome, de sulfure de carbone, de thymol
et d'eucalyptol ; si l'on s'adressait aux émanations d'eucalyptol,
il faudrait faire agir au moins pendant deux jours et à la dose
minimum de 100 grammes par mètre cube à désinfecter, ce
qui serait peut-être peu économique. La destruction du virus
désséché présente plus de difficultés ; nous avons déjà dit que
les vapeurs bromées nous offraient seules une sécurité complète.
Pour les lavages, si le sublimé n'était point un agent aussi

dangereux à manier, nous n'hésiterions point à lui accorder la préférence, mais son activité nous fait un devoir de recommander, si l'on en fait usage, de surveiller avec un grand soin l'écoulement des eaux qui le tiennent en solution, afin qu'elles ne puissent amener d'intoxication. Les dissolutions de sulfate de cuivre, d'acide phénique à 2/100, d'acide salicylique au 1/1000 nous paraissent devoir être utilisées ainsi que celles de thymol et d'eucalyptol au 1/800.

Quant à la destruction de la virulence des cadavres, vu la difficulté de faire pénétrer les produits anti-virulents dans toute l'économie, nous ne saurions trop insister sur la combustion.

On pourrait, à l'instar de M. J. Mill (de Bombay), construire des fours en terre pour l'incinération des cadavres ou se servir de l'appareil Jacques et Kuborn qui a le même but. Dans les cas où cela ne sera pas possible, on pourra, le cadavre étant tailladé profondément, se servir de solutions de sublimé, de sulfate de cuivre, d'acide phénique ou faire dissoudre dans l'acide sulfurique concentré, puis utiliser le liquide ainsi obtenu à la production d'un superphosphate de chaux azoté (A. Girard).

Le peu de temps nécessaire à l'eau bouillante pour détruire le virus frais démontre que la cuisson des viandes charbonneuses les rend innoffensives, et n'était le danger que peuvent présenter leur dépeçage et leur manipulation avant la cuisson, nous dirions que c'est là le moyen le plus simple de les traiter, puisqu'on pourrait ensuite les utiliser pour la nourriture des porcs et des volailles sans craindre de disséminer les germes, comme c'est le cas dans l'enfouissement.

Nous recommandons de brûler les litières et les fourrages souillés et de pratiquer l'écobuage dans les champs où ont été abandonnés accidentellement on enfouis des animaux charbonneux. L'établissement de charniers communaux, entré déjà dans la pratique de quelques communes (1), est un moyen de concentrer les germes sur un seul point; c'est un progrès important comparé à la fâcheuse habitude que l'on a encore dans la plus grande partie de la France rurale de pratiquer .l'enfouissement des cadavres de tous côtés, dans la campagne, ou même de les abandonner sur la lisière des bois, dans de vieilles carrières, etc., sans les enterrer.

Les praticiens devront renoncer à l'emploi de l'alcool phéniqué pour le lavage de leurs instruments et le remplaceront par l'alcool salicyliqué. Comme il faut toujours lutter, nous pensons qu'au début des tumeurs charbonneuses, il est indiqué de faire à leur pourtour des injections d'eau phéniquée ou mieux salicyliquée dont les effets inflammatoires sont moins prononcés. On pourra recourir également aux solutions d'essence de thymol ou d'eucalyptol.

La durée du contact nécessaire aux meilleurs antiseptiques pour détruire l'activité des bactéries, conduit à penser que dans un grand nombre de cas, il vaudrait mieux préférer la chaleur élevée aux antiseptiques liquides, pour détruire rapidement les microbes fixés aux instruments ou aux pièces de pansement.

(1) Voyez l'arrêté de M. le Préfet de la Haute-Marne, *Journal de médecine vétérinaire et de zootechnie*, année 1881, p. 132.

CHAPITRE V

SPÉCIFICITÉ DU CHARBON BACTÉRIEN
RÉSULTANT DE SA COMPARAISON AVEC LE SANG-DE-RATE
ET AVEC QUELQUES SEPTICÉMIES

L'objet principal que nous nous étions proposé, en entreprenant une étude sur le charbon symptomatique, était de vérifier si cette maladie pouvait être regardée comme une forme de la fièvre charbonneuse dont le type est bien connu aujourd'hui.

On sait que ce type, le sang-de-rate, est caractérisé par la présence du *Bacillus anthracis* dont l'inoculabilité, les effets sur l'organisme, etc., sont parfaitement déterminés. La comparaison des deux maladies à ces divers points de vue pourra éclairer cette question. Les matériaux contenus dans les chapitres précédents et les travaux de Davaine, Brauell, Koch, Pasteur, Chauveau, Toussaint, Chamberland et Strauss, nous fourniront les éléments de cette comparaison.

1

COMPARAISON DU CHARBON BACTÉRIEN ET DU SANG-DE-RATE
AU POINT DE VUE DE L'INOCULABILITÉ

A. Le sang-de-rate s'inocule très sûrement à la lancette. Au contraire, le charbon symptomatique se communique très difficilement par piqûres. Nous avons vu plus haut que la transmission de la maladie par ce moyen n'avait lieu que dans des cas où le virus présentait une grande activité et était puisé dans des ganglions lymphatiques.

Par conséquent, il faut une dose de virus beaucoup plus grande pour inoculer le charbon symptomatique que pour inoculer le sang-de-rate.

B. Si l'on inocule les deux virus dans le tissu conjonctif à dose un peu forte, celui du sang-de-rate se borne presque toujours à produire localement une petite aréole inflammatoire accompagnée d'un œdème peu considérable ; celui du charbon symptomatique produit, au contraire, les accidents formidables que l'on sait.

Sous le rapport des lésions locales déterminées par l'introduction des virus dans le tissu conjonctif, il existe donc une seconde différence entre les deux affections.

C. La différence que nous avons montrée entre ces deux maladies, quant aux doses nécessaires pour les inoculer à la lancette est encore plus marquée lorsqu'on introduit la substance infectieuse dans le sang.

Il est presque permis de dire que toute injection de liquides virulents extraits d'un animal mort de sang-de-rate tue infailliblement le sujet inoculé, puisque M. Chauveau communique à certains moutons un sang-de-rate mortel en leur inoculant 600 bâtonnets environ. De plus, l'inoculation intra-veineuse du sang-de-rate a paru à M. Toussaint plus terrible que l'inoculation à la lancette et même que l'injection sous-cutanée, car il a remarqué qu'elle tue plus rapidement le mouton, le cheval et l'âne, et que ce procédé est le seul qui lui ait permis de faire mourir le chien du charbon bactéridien.

Nous avons démontré, au contraire, pour le charbon symptomatique, que les animaux peuvent supporter dans les voies sanguines une quantité incomparablement plus grande de virus.

1, 2... 5 centimètres cubes de suc musculaire injectés dans la jugulaire du bouvillon, du mouton ou de la chèvre causent un charbon avorté, curable, alors qu'une goutte dans le tissu conjonctif donne la mort. Il faut dépasser ces doses ou se servir de microbes d'une très grande activité pour déterminer en injection intra-veineuse un charbon bactérien mortel.

Ainsi, quant aux doses nécessaires pour infecter l'organisme et aux effets causés par l'introduction du virus dans les divers milieux organiques, on ne saurait assimiler le charbon symptomatique au sang-de-rate.

II

SYMPTOMATOLOGIE COMPARÉE DU SANG-DE-RATE ET DU CHARBON BACTÉRIEN

La lecture des symptômes attribués aux animaux atteints de maladies carbunculaires fait voir que, faute de s'être servis du critérium fourni par la présence du *Bacillus anthracis*, les auteurs peuvent aussi bien avoir décrit une maladie infectieuse quelconque ou même une inflammation aiguë, non spécifique, des organes digestifs que le charbon. On ne peut guère les en blâmer, car il était impossible à l'observation pure de donner davantage ; il s'est même trouvé des écrivains qui, partisans d'une transmutation étrange des maladies, sont venus affirmer que l'inoculation de produits putrides produisait le charbon.

Aujourd'hui que la méthode expérimentale, rigoureusement appliquée, a assigné au sang-de-rate, au charbon bactérien et à quelques septicémies, chacun son organisme producteur spécial, on peut établir une comparaison entre les symptômes de ces maladies différentes, il suffit de les reproduire dans le laboratoire et de suivre pas à pas les sujets inoculés. C'est ce que nous allons faire pour la fièvre charbonneuse et le charbon bactérien.

Dans l'une et l'autre de ces affections, une période d'incubation sépare le moment où le virus est introduit dans l'économie et celui où il manifeste ses effets, mais d'une manière générale, cette incubation est plus longue pour le sang-de-rate que pour le charbon symptomatique, soit que le bacille n'évolue pas aussi rapidement dans l'organisme que la bactérie, soit que, se développant particulièrement dans le sang ou la lymphe, il ne traduise symptomatologiquement sa présence que quand il est en nombre immense, tandis que la bactérie, plus active, plus phlogogène peut-être, révélerait d'abord son existence et sa multiplication locales, puis envahirait rapidement toute l'économie au lieu de rester confinée dans l'appareil circulatoire.

C'est donc une erreur absolue de dire que le sang-de-rate est une affection « foudroyante ». Sans doute qu'objectivement il paraît en être ainsi ; le cultivateur qui le soir en distribuant la ration de ses bêtes à cornes, les voit toutes manger avec appétit et qui le lendemain matin, au réveil, trouve un ou plusieurs cadavres, le berger qui, dans son troupeau, voit une brebis prise brusquement d'anhélation, de tremblement, et mourir en deux heures et même moins, ont raison de parler de la soudaineté du mal. Mais le pathologiste qui a suivi pas à pas la bactéridie, sait qu'alors qu'elle terrasse les animaux, ceux-ci la possèdent et lui offrent un champ de culture déjà depuis plusieurs heures et le plus souvent depuis plusieurs jours.

Effectivement, dans les inoculations expérimentales faites sur le lapin, ce petit rongeur peut rester de quinze à cent heures, suivant la quantité et l'activité du virus employé, sans présenter de symptômes morbides, il mange et gambade comme ses compagnons de clapier. Tout à coup il paraît inquiet, urine fréquemment, sa respiration s'accélère très rapidement, les battements du cœur deviennent forts et tumultueux, puis diminuent, le coma s'en empare, sa température baisse rapidement à 34°, 32° et même 30°, et la mort arrive quelquefois une heure et demie ou deux heures après l'apparition des premiers symptômes d'inquiétude.

Le mouton se comporte d'une façon qui ressemble beaucoup à celle du lapin. On a vu chez lui la période d'incubation durer neuf jours (Toussaint) et pendant ce temps, rien ne décelait extérieurement le redoutable travail de multiplication qu'ac-complissait la bactéridie dans son organisme. Puis une, deux, trois ou quatre heures seulement avant la mort, l'animal, gai jusque-là, va se placer dans un coin de la bergerie, à l'écart du troupeau, il se met à trembler, se campe de temps en temps pour rendre quelques gouttes d'une urine parfois sanguinolente, il chancelle, tombe et se relève, des crampes et des convulsions apparaissent, la respiration devient rapide, le pouls petit, filant ; en quinze à vingt minutes, la température s'élève d'un degré et davantage, et la mort arrive bientôt au milieu de con-vulsions.

Dans l'espèce bovine, la mort n'est pas si prompte ; les symp-tômes menaçants apparaissent moins brusquement et plus longtemps à l'avance; il y a une teinte jaune-rougeâtre des muqueuses, des frissons ; les battements du cœur sont tumul-tueux et forts, la sécrétion lactée se tarit toujours brusquement, et pour le praticien qui exerce dans un pays ravagé par le sang-de-rate, c'est là un signe de grande valeur. Il y a souvent aussi quelques coliques.

Chez les chevaux, les symptômes reproduisent ceux des bêtes à cornes, mais les sueurs et les coliques sont générale-ment plus fortes.

Lorsqu'on inocule au cheval et au bœuf le sang-de-rate par piqûres épidermiques ou par injection hypodermique, on voit apparaître au point d'inoculation une tuméfaction chaude, œdémateuse, non crépitante, qui grandit lentement dans tous les sens pendant six à huit jours de façon à acquérir parfois une grosseur considérable. Or, malgré les progrès de cet accident local, les animaux conservent les apparences de la santé jusqu'au quatrième ou au cinquième jour ; ils ne semblent gravement malades que quelques heures avant leur mort.

Tous autres sont les caractères du charbon bactérien. S'il se présente sous sa forme symptomatique, on sait que, d'emblée, les signes du mal indiquent sa gravité, et qu'alors qu'on ne voit pas encore de tumeur et de boîterie, les frissons, la fièvre, l'élévation de la température, le refus absolu de toucher aux aliments, font pronostiquer d'ores et déjà un dénoûment fatal.

Si l'on a eu recours à l'inoculation pour produire une tumeur essentielle, il se produit immédiatement sur le cobaye, le mouton et le veau, un travail local. Une tumeur se forme, qui augmente rapidement, détend la peau, devient sonore et crépitante, particulièrement sur le bouvillon, par suite de la formation abondante de gaz. Une boîterie se déclare très vite ; six heures après l'inoculation nous avons vu des brebis ne plus s'appuyer sur le membre inoculé, dont la peau commençait à devenir rouge, pour arriver au violacé, puis au noir. La tristesse et l'inappétence se montrent promptement, la première ne fait que s'accentuer de plus en plus, et la mort survient de la dix-huitième à la soixante-dixième heure après l'inoculation.

Quand celle-ci a été faite avec une très petite quantité de virus ou avec un virus affaibli, il peut arriver que ce ne soit pas au lieu d'inoculation que se produise la tumeur, mais ailleurs, sous l'épaule ou à l'encolure, par exemple, quand le dépôt avait été fait à la cuisse ou à la queue, et cela le troisième, le quatrième et même le cinquième jour. Mais dans ce cas comme dans le précédent, il y a toujours des phénomènes précurseurs, tristesse, inappétence, fièvre, qui indiquent que le mal fait son œuvre.

Il se développe quelquefois plusieurs tumeurs, à la suite d'une seule inoculation, l'une au point ou a été déposé le virus et les autres ailleurs ; celles-ci sont en quelque sorte symptomatiques et le cortège de signes alarmants ne fait pas non plus défaut.

En résumé, quand il y a production de tumeur externe dans la fièvre charbonneuse, ce qui est rare, la lenteur de son évolution, son manque de sonorité par suite de l'absence de gaz et l'état général du sujet, ne permettront pas de confusion avec la tumeur, essentielle ou symptomatique, du charbon bactérien puisque celle-ci évolue rapidement, est toujours sonore, crépitante et laisse échapper des gaz quand on l'incise, et enfin parce que l'état général du sujet est plus grave dès le début.

Tout au plus pourrait-il y avoir indécision dans l'espèce bovine, lorsque la tuméfaction siège dans l'espace intra-maxillaire et au bord antérieur de l'encolure, parce que la suffocation concourt à précipiter le dénouement dans l'une et l'autre occurrence. Mais en s'aidant des caractères différentiels qui ont été ou qui seront indiqués, on arrivera à porter un diagnostic éclairé et certain.

III

COMPARAISON DES LÉSIONS DU SANG-DE-RATE
ET DU CHARBON SYMPTOMATIQUE

Si on laisse à part les bactéridies si abondantes dans le système circulatoire, sanguin ou lymphatique, on peut dire que les lésions du sang-de-rate ne sont ni bien nombreuses ni bien étendues.

Dans la fièvre charbonneuse sans tumeurs externes, qu'elle

soit spontanée ou provoquée expérimentalement par l'introduction directe de bactéridies dans les veines, le sang est noir,
peu coagulable, du moins chez le cheval; les veines sont distendues et les artères affaissées, les capillaires souvent obstrués
par des paquets de bacilles, notamment dans le mésentère, le
poumon, la pie-mère (Toussaint); les ruptures vasculaires ne
sont pas rares et l'on voit çà et là des suffusions sanguines. Il y
a des spumosités dans les bronches. La rate est souvent, mais
non toujours, tuméfiée, bosselée. Enfin il y a des traces d'inflammation sur diverses parties de l'intestin s'il y a eu des coliques pendant la maladie.

Assurément, sans la présence du *Bacillus anthracis* dans le
sang et la lymphe, on s'expliquerait difficilement la mort par
les lésions trouvées à l'autopsie.

Quand une tumeur a évolué au point d'inoculation, elle est
formée par un œdème jaunâtre, *sans gaz*. Les ganglions
qu'elle renferme ou qu'elle avoisine sont rouges, mais les
muscles ont conservé ou à peu près leur coloration normale,
et ne répondent pas à l'idée que le mot charbon éveille dans
l'esprit. Ils ne sont pas envahis par le microbe et n'ont pas subi
de dégénérescence.

Dans le charbon bactérien, les lésions sont plus nombreuses
et les désordres plus considérables. Les systèmes circulatoire et
lymphatique ne sont plus le siège principal des altérations, on
les voit plutôt dans les tissus conjonctif et musculaire, où se développe et prolifère le microbe spécifique. Le sang a conservé tous
ses caractères normaux; il n'est point diffluent et se coagule
promptement dans les gros vaisseaux après la mort, ou hors de
l'économie, quand on l'extrait avant qu'elle ne soit arrivée. La
rate n'est ni tuméfiée ni bosselée. Mais, ainsi qu'on a pu s'en con-
vaincre par la lecture de la description des lésions faite précédemment, les appareils locomoteur, digestif, respiratoire, génital
et circulatoire peuvent être plus ou moins gravement atteints.

On peut trouver une seule ou plusieurs tumeurs siégeant sur les points les plus variés et les plus inattendus de l'organisme, depuis les cornets et le diaphragme jusqu'aux muscles abdominaux ou lombaires, mais affectant de préférence l'épaule ou la cuisse. La tumeur dans toutes ses parties, *est toujours infiltrée de gaz*, en quantité variable, qui séparent parfois les masses musculaires les unes des autres et, parfois, dissocient les parties constituantes. Ces gaz et la tumeur elle-même sont à peu près inodores, jamais on ne perçoit l'odeur écœurante qui s'échappe des sujets qui ont succombé à la gangrène gazeuse ou à d'autres septicémies. Quand elle se manifeste, on doit conclure qu'à côté de la bactérie charbonneuse, un autre microbe a été introduit dans l'organisme, et s'y est développé exclusivement ou parallèlement.

Dans la partie centrale de la tumeur, les muscles ont une coloration noire très caractéristique, très justificative du nom de charbon et montrent accolés au sarcolemme de leurs fibres des microbes en bâtonnets très nombreux. Cette teinte noire passe successivement à la coloration lie de vin, au rouge, au rose, à mesure qu'on s'éloigne du centre. Il y a, mais non d'une façon constante, un œdème autour de la tumeur ; il existe quand celle-ci siège dans une région riche en tissu conjonctif à mailles lâches.

Comme dans la fièvre charbonneuse, les ganglions voisins des tumeurs sont hyperhémiés, rouges ou noirs, et, quand il y a eu des coliques au cours de la maladie, ce qui n'est pas rare, on trouve également des plaques inflammatoires sur le trajet du tube digestif.

IV

COMPARAISON DES ESPÈCES DOUÉES DE RÉCEPTIVITÉ POUR LE SANG-DE-RATE ET LE CHARBON BACTÉRIEN

L'organisme du rat, du cobaye et du lapin est le milieu le plus favorable à la culture naturelle du microbe du sang-de-rate. La maladie est sûrement inoculée à ces animaux par le derme cutané, le tissu conjonctif lâche et le sang.

En seconde ligne, vient se placer le mouton, ensuite le bœuf; le cheval et l'âne ne jouissent que d'une réceptivité assez faible pour cette affection ; le chien ne prend le sang-de-rate que par injection intra-vasculaire (Toussaint); enfin, parmi les oiseaux domestiques, la poule est réfractaire dans les conditions de température normale (Pasteur).

Relativement à l'aptitude à prendre le charbon symptomatique, ces animaux ne se rangent pas dans le même ordre. L'organisme du taurillon, du mouton et de la chèvre constitue les milieux les plus aptes à l'évolution de la maladie. Le cochon d'Inde est encore une espèce favorable, pourtant il ne faudrait pas le comparer au bœuf et au mouton. Certains sujets, surtout les mâles adultes et de forte taille, résistent souvent à des doses considérables de virus. Nous avons observé, dans ce sens, des résultats assez extraordinaires. De plus, à la longue, le virus s'épuise partiellement en passant dans l'organisme de cet animal.

Le rat blanc, l'âne et le cheval gagnent simplement des engorgements locaux, chauds et douloureux, qui disparaissent au bout de quelques jours, en laissant un abcès ou un séquestre circonscrit.

Nous n'avons jamais pu communiquer la maladie au chien.

Outre la différence présentée par le cobaye, la plus importante dans cet ordre de faits nous est offerte par le lapin. Cet animal qui est, en quelque sorte, le réactif caractéristique du sang-de-rate, est presque réfractaire au charbon symptomatique.

Nous devons rappeler ici que la fièvre charbonneuse attaque indistinctement des animaux de tous les âges, tandis que le charbon bactérien attaque *particulièrement les jeunes bovidés de six mois à quatre ans*, sans que cependant les adultes soient absolument à l'abri de ses coups, ainsi que nous l'avons dit plus haut ; les veaux, de la naissance au cinquième mois, n'ont qu'une réceptivité assez faible.

V

COMPARAISON DES AGENTS INFECTIEUX DU SANG-DE-RATE ET DU CHARBON BACTÉRIEN

Nous avons exposé, dans le chapitre premier, les travaux si nombreux exécutés tant en France qu'à l'étranger, desquels il résulte d'une façon nette et qui n'est plus discutée aujourd'hui que le *Bacillus anthracis* ou ses corpuscules-germes sont les agents exclusifs et nécessaires de la production du sang-de-rate.

Ce bacille n'existe pas dans le charbon bactérien ; il y est remplacé par un microbe dont nous avons déjà exposé les caractères objectifs, qui est mobile, plus court et plus large que le bacille, sporulé à une ou à ses deux extrémités, se développant mieux dans le vide qu'au contact de l'air. Sa résistance à la chaleur est beaucoup plus considérable, puisqu'il faut, lorsqu'il est frais, le chauffer pendant deux heures à 80° pour le tuer, tandis que quelques minutes de chauffage à 55° tuent le *B. anthracis*. La résistance des deux microbes est différente aussi en face de certaines substances : l'essence de térébenthine, par exemple, détruit le bacille et n'agit pas sur la bactérie du charbon symptomatique.

Les différences des deux agents virulents existent non seulement dans la forme, la mobilité et la résistance, mais se poursuivent encore dans les modes de développement et de multiplication.

Si on cultive le *Bacillus anthracis* sur le microscope, dans une chambre chaude de Ranvier, au sein d'un liquide organique approprié, il s'allonge, forme de longs filaments à peu près rectilignes et ceux-ci s'amassent en véritables paquets ou bien s'enroulent les uns autour des autres et prennent une disposition qui rappelle celle des torons d'une corde usée. Puis les longs filaments se divisent en articles, et dans chaque article apparaissent deux spores qui finissent par devenir indépendantes (Koch, Toussaint).

Si l'on traite de la même manière les bâtonnets du charbon symptomatique, on constate qu'ils s'allongent, se segmentent en articles courts et, en moins de trois heures, ils se sont transformés en corpuscules arrondis.

Ils sont donc loin de donner le mycélium abondant qui rend la culture de la bactéridie charbonneuse si remarquable.

M. Pasteur a cultivé le *Bacillus anthracis* dans des tubes et des ballons appropriés, au sein de l'urine légèrement alcaline et dans la solution minérale artificielle que cet éminent expérimentateur a employée depuis longtemps pour la culture des ferments. Le *Bacillus anthracis* se développe rapidement dans ces cultures ; il donne un mycélium feutré, disposé par touffes que l'on voit très bien par transparence en supension dans le liquide nourricier. Les filaments de ce mycélium se remplissent de spores et un certain nombre de celles-ci deviennent libres au milieu du mycélium ou bien se déposent sur les parois des vases où se font ces cultures artificielles.

Les milieux très favorables à la multiplication de ce bacille ne sont pas ceux qui conviennent le mieux au développement du microbe du charbon symptomatique. Dans l'urine neutre ou

acide, le développement est insignifiant. Les liquides les meil‑
leurs pour sa culture nous ont paru être le bouillon de veau
additionné de glycérine et de sulfate de fer, comme il est dit
précédemment.

Au bout de douzes heures, ces cultures deviennent louches,
elles tiennent en suspension une masse d'articles courts, sans
noyaux, extrèmement mobiles et des microcoques, mais pas de
mycelium feutré.

VI

COMPARAISON DU CHARBON BACTÉRIEN
ET DU SANG-DE-RATE, AU POINT DE VUE DES RAPPORTS QUI
EXISTENT ENTRE LA MÈRE
ET LE FŒTUS, DANS LE COURS DE CES MALADIES

En 1857, Brauell (de Dorpat) a constaté que le sang d'un
embryon dont la mère est morte du charbon ne transmet pas
la maladie *(Virchow's Archiw)*. Sept ans plus tard (*Comptes
rendus de l'Académie des Sciences*, t. LLX, p. 393, 1864),
M. Davaine a observé sur deux cobayes qui portaient chacun deux
fœtus à terme au moment où il les a inoculés du charbon, que
le sang de ces fœtus était tout à fait exempt des filaments du
sang-de-rate, tandis que celui des mères et celui de leur placenta
même en contenaient par myriades. De 1864 à 1868, il a fait
plusieurs fois la même constatation ; de sorte que le placenta
maternel lui apparaissait comme un filtre qui retenait en deçà les
bactéridies charbonneuses.

Enfin il a confirmé les résultats de l'observation par l'inoculation. « Quatre cobayes furent inoculés, l'un avec le sang du
placenta qui contenait des bactéridies, et les trois autres avec
celui du cœur, de la rate et du foie du fœtus qui n'en contenait pas. Or, le premier cobaye mourut le lendemain, infecté de
nombreuses bactéridies, tandis que les trois autres, inoculés

avec le sang du fœtus, ne furent nullement malades. » *(Archiv. générales de médecine,* 1868.)

Depuis que M. Chauveau a montré que la brebis transmet à son produit l'immunité conférée contre le sang-de-rate par des inoculations préventives, la contradiction apparente qui existe entre ce fait important et la démonstration péremptoire faite par Davaine de l'absence du principe contagieux dans le sang du fœtus, a fait entreprendre de nouvelles expériences avec l'intention de savoir ce qui se passe spécialement dans les animaux de l'espèce ovine. Les expériences de M. Chauveau, non encore publiées, ont pleinement confirmé les résultats connus : les bactéridies ne gagnent pas les vaisseaux du fœtus, même après la mort de la mère, tant que les altérations cadavériques n'ont pas établi de libres communications entre les deux appareils circulatoires dans les placentas. Que se passe-t-il dans le cas où la femelle est atteinte du charbon bactérien? Nous avons trouvé sous ce rapport une nouvelle différence à ajouter à celles que nous avons déjà signalées entre les deux affections ; on s'en convaincra par les observations qui suivent :

12 janvier 1881. — Nous inoculons une brebis en état de gestation ; elle meurt dans la nuit du 13 au 14, avec des lésions caractéristiques. Dans la matinée du 14, à l'autopsie, on trouve dans l'utérus un fœtus mâle ; on l'extrait et on le lave avec soin. Ce jeune sujet présente des infarctus dans les muscles de l'abdomen et des régions crurales internes et olécrâniennes du côté droit ; le ganglion pré-scapulaire correspondant est rouge, volumineux. Toutes ces lésions, qui ont objectivement les plus grandes ressemblances avec celles que l'on observe chez les adultes, renferment les microbes caractéristiques du charbon symptomatique.

Le 7 *février,* nous faisons une seconde observation dans de bien meilleures conditions. Une brebis pleine meurt ce jour-là du charbon symptomatique ; vingt minutes après la mort, on ouvre l'abdomen ; on enlève l'utérus d'un seul coup avec un instrument propre et flambé, on divise les parois utérines et les enveloppes fœtales. Pendant que le liquide allantoïdien et amniotique s'écoule, on coupe le cordon ombilical, on retire rapidement le fœtus et on le porte sous un filet d'eau. Avant toute chose, on ouvre la poitrine du jeune sujet afin de puiser dans le cœur, à l'aide d'une seringue à canule capillaire, quelques gouttes de sang que l'on injecte dans les muscles cruraux d'un cochon d'Inde. On procède ensuite à l'autopsie du petit cadavre ; elle démontre l'existence de taches ecchymotiques dans la peau de la base de la queue et dans les muscles grands dentelés ; ces taches présentent des microbes en bâtonnets nucléés. Le sang renferme des microcoques et de rares bâtonnets mobiles, dépourvus de spores. Le cochon d'Inde inoculé avec ce sang présente des lésions typiques et meurt en moins de quinze heures.

Nous concluons donc de ces faits que le jeune sujet est affecté dans le sein de la mère de la maladie complète, ce qui, dans le sang-de-rate, croyait-on, ne se présentait jamais.

Récemment, MM. Strauss et Chamberland, dans une communication à l'Académie des sciences (1), et M. Perroncito (de Turin), ont annoncé avoir trouvé *quelquefois* la bactéridie du sang-de-rate dans le fœtus, et ils en concluent que la loi de Brauell-Davaine comporte des exceptions.

Si la différence n'est point, de ce côté, aussi fondamentale que nous le pensions quand nous avons communiqué ces faits à l'Académie, elle n'en est pas moins digne d'être notée, puisque la transmission est la règle dans le charbon symptomatique, tandis qu'elle paraît n'être que l'exception dans le sang-de-rate. Au surplus, dans les cas les plus favorables, MM. Strauss et Chamberland sont obligés de multiplier les bactéridies du sang fœtal par la culture pour en obtenir un nombre capable de donner la mort.

Les faits dont nous venons de parler expliquent, dans tous les cas, d'une manière rationnelle, la transmission de l'immunité contre le charbon bactérien de la mère à son produit, comme nous l'avons constaté et le dirons plus loin.

(1) Séance du 18 décembre 1882.

VII

COMPARAISON DES DEUX MALADIES
AU POINT DE VUE DE L'INFLUENCE QU'ELLES PEUVENT EXERCER L'UNE SUR L'AUTRE

On sait que généralement la même maladie virulente ne frappe pas deux fois le même sujet, et il a été prouvé que le charbon bactérien et le sang-de-rate se comportent de cette manière. Nous avons amplement démontré, dans le chapitre III, que le charbon symptomatique ne récidive pas ou peu lorsque les malades peuvent en guérir, et qu'une première atteinte donne aux animaux l'immunité qui les préserve à l'avenir des effets de la bactérie charbonneuse. Le sang-de-rate bénin préserve aussi d'un sang-de-rate mortel. M. Toussaint et M. Pasteur ont mis ce fait hors de doute par des moyens différents.

Or, puisque ces deux maladies ne récidivent pas, si elles sont de même nature, l'une doit mettre les animaux à l'abri des atteintes de l'autre et réciproquement.

En est-il ainsi ? Non. Les moutons doués de l'immunité naturelle contre le sang-de-rate, tels que les moutons barbarins, comme M. Chauveau l'a montré récemment, prennent très facilement le charbon symptomatique : ils le prennent également bien après que l'on a renforcé l'immunité naturelle par l'inoculation de très petites quantités de bactéridies. A plus forte raison, les moutons français meurent-ils rapidement du charbon symptomatique lorsqu'on leur a communiqué artificiellement l'immunité contre la bactéridie.

Inversement, les moutons et les cobayes guéris d'un charbon bactérien avorté sont encore très aptes à l'évolution du charbon bactéridien.

Ces faits sont tellement bien établis par les expériences de

M. Chauveau et par les nôtres que, dans un but économique, nous échangions nos sujets avec M. Chauveau lorsque nous faisions, de part et d'autre, des expériences sur les inoculations préventives.

Enfin, nous eûmes plusieurs fois l'occasion de constater que les deux maladies peuvent évoluer simultanément sur le même animal, côte à côte, chacune avec ses caractères propres, lorsque le sujet est doué de la réceptivité pour les deux virus.

VIII

CONSÉQUENCES

Les nombreuses différences, la plupart fondamentales, que nous venons de mentionner, nous autorisent à conclure que le charbon symptomatique est une maladie infectieuse, inoculable, distincte du sang-de-rate. Elle ne saurait être regardée comme l'expression périphérique de la fièvre charbonneuse. Il faut donc séparer ces deux affections dans les cadres nosographiques.

Mais il faut retenir que le charbon essentiel et le charbon symptomatique de Chabert sont une seule maladie, comme nous l'avons démontré chapitre III, page 99.

Reste à faire disparaître dans les termes la confusion que nous venons de détruire dans les faits.

Quel nom conviendrait-il de donner à la maladie dont la spécificité est établie par nos recherches ?

M. Pasteur a demandé que le nom de *charbon* soit désormais réservé à la maladie qui est produite par la bactéridie de Davaine. Bien que dans les lésions de cette maladie rien ne rappelle aussi justement que dans le charbon symptomatique l'aspect de la substance dont le nom était venu immédiatement à l'esprit des premiers observateurs qui furent en présence de ces affections, néanmoins nous respecterons cette désignation. Mais alors nous sommes dans la nécessité d'en chercher une autre, différente, pour l'appliqueràl'entité morbide que Chabert a appelée charbon symptomatique et essentiel. Comme le terme de charbon caractérise bien l'aspect de la lésion la plus grave de cette affection, comme il est très répandu et comme il serait très difficile de le faire abandonner, nous proposerons, à l'exemple de M. Chauveau, de le conserver en lui ajoutant un qualificatif tiré des caractères du microbe infectieux de cette maladie. En conséquence nous l'appellerons CHARBON BACTÉRIEN, le nom de CHARBON BACTÉRIDIEN pouvant être appliqué sans inconvénient au sang-de-rate.

Nous préférons *charbon bactérien* à *maladie de Chabert* qui fut également proposé par M. Chauveau (*Comptes rendus*, 4 avril 1881), attendu que la maladie qu'il s'agit de désigner avait été décrite avant cet auteur et que ce terme ne rappelle rien de la place qu'elle occupait dans les ouvrages de pathologie et dans l'esprit des cliniciens, rien de ses caractères infectieux, rien de son agent de propagation. Charbon bactérien est un nom qui rappelle les grands traits de la physionomie et de la nature de l'affection auquel on l'appliquera.

Si les faits que nous venons de publier établissent des limites tranchées entre le sang-de-rate et le charbon bactérien, reste à examiner si ce dernier ne doit pas être confondu avec la septicémie.

Par sa physionomie générale, le charbon bactérien se rapproche des affections septicémiques. En effet, son virus provoque la fermentation des substances albuminoïdes des tissus et une infiltration gazeuse. Néanmoins, on ne saurait englober, comme Zurn l'a proposé, toutes ces affections sous le même titre, en laissant supposer qu'elles sont toutes identiques et qu'elles reconnaissent toutes la même cause, l'introduction d'une substance putride dans l'organisme.

Aujourd'hui le mot *septicémie* s'applique à des maladies distinctes dont quelques-unes ont été plus ou moins complètement étudiées dans ces dernières années. Nous connaissons, par exemple, la *septicémie expérimentale* de Davaine, étudiée aussi par M. Vulpian, dont l'agent virulent tue les animaux à dose infinitésimale et augmente d'activité au fur et à mesure qu'il passe à travers un nombre plus grand d'organismes vivants. Nous savons que la *septicémie expérimentale* de M. Pasteur reconnaît pour cause l'évolution d'un vibrion anaérobie qui s'épuise, au contraire, assez rapidement soit dans les cultures artificielles, soit dans les milieux vivants. Cette maladie serait différente de la *septicémie* de Koch et de ses élèves qui évoluerait sur la souris, sous la figure d'un fin bacille, différente de la *septicemie* du lapin dont le microbe est un fin diplocoque. etc.

MM. Chauveau et Arloing ont étudié longuement une autre *septicémie*, connue sous le nom de *septicémie gazeuse* ou *foudroyante, gangrène gazeuse* de l'homme. Nous avons vu cette maladie de très près, et il nous a été facile de la comparer avec le charbon bactérien.

Or, cette étude comparative nous permet d'affirmer que la septicémie gazeuse n'est pas identique au charbon symptomatique, conséquemment qu'il faut se garder de confondre ce dernier, sans distinction, avec les septicémies en général.

Ainsi, l'agent virulent ne revêt pas absolument les mêmes formes. Dans les lésions musculaires et conjonctives, le microbe des deux affections se ressemble beaucoup. Mais, dans les séreuses alors que le microbe du charbon symptomatique y est rare ou sous la forme de granulations, celui de la septicémie gazeuse s'y présente fréquemment sous la forme d'un long vibrion.

La résistance des divers microbes des septicémies à l'action des antiseptiques est loin d'être égale. Pour ne citer qu'un exemple, nous dirons que l'exposition à l'acide sulfureux qui se dégage de l'hyposulfite de soude traité par un acide, tue le microbe de la septicémie gazeuse et celui de la septicémie du cheval et du lapin en moins de quarante-huit heures, tandis qu'il laisse la virulence du charbon bactérien intacte. La différence est si nette que l'on pourrait employer l'acide sulfureux comme un moyen analytique pour séparer la septicémie du charbon dans un virus dont la pureté serait suspecte.

Lorsque des virus n'évoluent pas dans les mêmes milieux vivants, on peut en inférer qu'ils sont différents. Sous ce rapport, il ne pourrait y avoir d'hésitation pour les virus que nous étudions, attendu que s'ils ont des milieux communs, ils en ont de spéciaux.

On communique aussi bien le charbon symptomatique que la septicémie gazeuse à la chèvre, au mouton et au cobaye. Mais alors que la septicémie gazeuse évolue sur le rat, le chat, le chien, le cheval, l'âne, le porc, la poule, le canard, le charbon symptomatique ne produit que des effets insignifiants ou nuls sur ces animaux, tandis qu'il cause des effets rapidement mortels sur le bœuf.

On voit donc que des raisons de l'ordre de celles qui nous ont servi à séparer le charbon bactérien du charbon bactéridien nous obligent à détourner certains auteurs de la tendance qu'ils ont à ranger sans réserve le charbon symptomatique dans la septicémie.

D'ores et déjà, c'est une maladie particulière qui deviendra peut-être le type d'un groupe d'affections septicémiques, mais dont l'individualité, pour le moment, doit être respectée. Aussi fera-t-on sagement de lui conserver le nom sous lequel Chabert l'a décrite, si l'on ne veut pas adopter celui que nous venons de proposer, en attendant que la science soit parvenue à faire la lumière complète sur les septicémies.

CHAPITRE VI

DES MOYENS DE CONFÉRER ARTIFICIELLEMENT L'IMMUNITÉ
CONTRE LE CHARBON BACTÉRIEN

Les nombreuses expériences que nous avons entreprises pour déterminer le mode d'inoculabilité et de transmission du charbon bactérien, nous ont montré qu'en introduisant le virus naturel dans l'économie animale, en observant certaines conditions de doses et de milieux, on pouvait communiquer un charbon bénin, larvé, qui guérit spontanément en conférant l'immunité aux sujets inoculés.

On arrive au même résultat sans s'astreindre à un aussi grand nombre de conditions, pourvu que l'on affaiblisse l'activité du virus par des manipulations spéciales.

On peut donc conférer l'immunité contre le charbon bactérien :

1° En inoculant le virus naturel, tel qu'on l'extrait d'une tumeur fraîche ;

2° En inoculant le virus atténué, transformé en virus vaccinal.

§ 1

Immunité conférée par l'inoculation du virus à l'état naturel

Nous réussissons à donner l'immunité en insérant le virus à doses très faibles dans le tissu conjonctif d'un point quelconque de l'économie, ou à doses plus considérables dans le tissu conjonctif sous-cutané d'une région déterminée, dans les veines et les voies respiratoires.

A. INOCULATION DANS LE TISSU CONJONCTIF GÉNÉRAL. — Lorsqu'on injecte dans le tissu conjonctif sous-cutané ou intermusculaire d'un animal propre à l'évolution du charbon, à l'aide d'une seringue à canule capillaire, quelques gouttes de virus, on détermine rapidement la mort avec tous les symptômes et toutes les lésions caractéristiques du charbon bactérien. Au contraire, si on inocule le virus dans l'épaisseur du derme, ou sous la peau avec une lancette ou la pointe d'un scalpel, on ne réussit *presque jamais* à transmettre la maladie.

Ce fait démontre que la dose de virus exerce une influence considérable sur les suites de l'inoculation. Nous savons que cette influence est contestée par quelques personnes; mais elle est vivement soutenue par M. Chauveau qui a pu en vérifier la valeur dans ses expériences sur la transmission du sang-de-rate aux moutons algériens. Dans le cas du charbon symptomatique, elle nous semble indéniable.

Il nous avait paru autrefois que l'insuccès des inoculations à la lancette tenait probablement à l'influence que le contact de l'air, à la surface de la plaie, et des humeurs oxygénées de l'organisme, au fond, exerçait sur le microbe de charbon bactérien. Tandis que le succès des inoculations pratiquées profondément, à l'extrémité du trajet suivi par la canule d'une seringue à injection, reconnaissait pour cause l'absence du contact de l'air.

La manière dont se comporte le microbe lorsqu'il est mis en rapport avec l'oxygène pur et l'eau oxygénée, nous fait abandonner cette interprétation.

Mais il ne reste pas moins évident que si l'on parvenait à insérer dans le tissu conjonctif une quantité convenable de microbes infectieux, on provoquerait un charbon léger qui n'aurait aucune suite fâcheuse, tandis qu'il aurait l'immense avantage de donner l'immunité.

Nous avons réussi fréquemment, par ce moyen, à conférer l'immunité au cobaye et au mouton. Mais lorsque nous voulûmes régler le manuel et déterminer à coup sûr la dose vaccinale, nous nous trouvâmes en présence de grandes difficultés.

Comment arriver à titrer les liqueurs virulentes extraites des tumeurs charbonneuses ?

La dilution des liqueurs riches en agents virulents est la seule méthode qui permette d'inoculer un très petit nombre de microbes. Malheureusement, on est obligé de faire cette opération sur des sucs dont la virulence est variable, soit parce qu'ils contiennent un nombre plus ou moins grand de microbes, ou que ceux-ci y existent sous deux états inégalement actifs en proportions indéterminées, soit parce que l'activité de ces microbes est soumise à des oscillations qu'il est impossible de mesurer rigoureusement. Il faut dire encore que les limites entre lesquelles on peut faire varier ces doses infinitésimales sont tellement rapprochées qu'il est très facile d'en sortir au delà ou en deçà, attendu que l'on doit encore compter avec les différences de susceptibilités individuelles des inoculés.

Aussi obtient-on souvent des mécomptes. Telle dilution donne une maladie avortée et vaccine fort bien; telle autre, préparée en apparence dans les mêmes conditions, tue ou ne produit aucun effet.

Nous pouvons citer des exemples.

25 janvier 1881. — On prépare un liquide virulent avec 20 grammes de tumeur et 10 grammes d'eau. On fait ensuite une dilution de ce liquide à 1/32.

Avec cette dilution, on inocule quatre animaux : Deux moutons qui en reçoivent chacun quatre gouttes ; deux cobayes qui en reçoivent chacun deux gouttes. L'un des moutons a gagné l'immunité ; l'autre a pris un charbon symptomatique complet qui l'a tué ; les deux cochons d'Inde ont succombé le 8 février à une inoculation d'épreuve.

15 *janvier* 1881. — On dilue un liquide de pulpe musculaire au 1/16, puis au 1/32. On injecte deux gouttes de chacune de ces dilutions sous la peau de la cuisse de deux cochons d'Inde.

Ces animaux présentent un léger gonflement au point d'inoculation ; mais leur état général reste satisfaisant.

Du 17 janvier au 2 février 1881, on soumet ces sujets à deux inoculations d'épreuve. Ils résistent. Donc ils ont été vaccinés par l'injection du 15 janvier.

Ces expériences démontrent l'existence d'une différence de réceptivité spécifique et de réceptivité individuelle, et, par conséquent, nous font entrevoir de graves inconvénients à appliquer ce procédé d'inoculation sur une large échelle.

Nous avions pensé que l'une des premières conditions à réaliser pour réussir dans cette entreprise était de trouver une humeur dans laquelle les microbes eussent une virulence égale. Et, comme le sang ne renferme guère que des microcoques et jamais de bâtonnets nucléés, nous l'avons choisi, de préférence aux liquides extraits des tumeurs, pour faire quelques tentatives.

25 *décembre* 1880. — Avec du sang filtré provenant du cœur d'un mouton mort le matin même du charbon symptomatique, on prépare deux dilutions, l'une au 1/18, l'autre au 1/32. Deux cochons d'Inde reçoivent une goutte de ces solutions dans le tissu conjonctif.

Le cochon d'Inde inoculé avec la solution au 1/18 a été vacciné ; l'autre n'a pas gagné l'immunité.

Certains liquides de l'organisme possèdent quelquefois les propriétés d'une dilution vaccinale ; telle est l'humeur aqueuse et l'humeur vitrée.

Le 6 *décembre* 1881, on extrait, avec une seringue à canule piquante, des chambres antérieure et postérieure de l'œil d'une brebis qui vient de mourir du charbon symptomatique, 1 centimètre cube de liquide que l'on injecte sous la peau de la cuisse d'un mouton ; on en conserve quelques gouttes que l'on porte sous le microscope. Dans toute l'étendue de la préparation, on aperçoit tout au plus trois ou quatre microbes.

Le sujet inoculé boite un peu dans la soirée; l'état général est bon. Le lendemain, la boiterie disparaît; mais elle se montre de nouveau le 11.

Le 12, l'animal boite à peine; le 14, retour à l'état normal.

4 avril 1882. — Curieux de savoir si l'inoculation d'humeur aqueuse a causé une infection vaccinale, on éprouve le mouton avec du virus frais et très actif. On obtint un gonflement énorme du membre et de la boiterie ; mais l'animal résista; tout symptôme disparut au bout de quelques jours. Inoculé de nouveau le 30 avril, ce mouton sortit sain et sauf de la deuxième épreuve.

Ainsi, dans quelques cas, certaines humeurs contiennent un assez petit nombre de microbes pour constituer des dilutions vaccinales; mais il est impossible d'ériger une méthode sur un fait aussi aléatoire. Ajoutons que d'autres humeurs se sont montrées très actives, comme la bile, d'autres absolument inactives, comme l'urine.

En résumé, les résultats que nous avons obtenus jusqu'à ce jour permettent d'affirmer que l'on peut communiquer l'immunité en insérant une très minime quantité de virus dans le tissu conjonctif lâche de n'importe quelle région de l'économie. Au point de vue de l'histoire de la méthode générale des inoculations préventives, ils sont très intéressants; mais il ne faut pas se dissimuler qu'au point de vue spécial du charbon bactérien, ils n'autorisent guère à espérer que la dilution du virus naturel constituera un moyen sûr et efficace de préparer un liquide vaccinal.

B. Inoculation dans le tissu conjonctif d'une région déterminée. — Nous avons dit au chapitre III que l'observation clinique n'avait jamais permis de constater l'existence de tumeurs symptomatiques sur l'extrémité inférieure des membres (à partir du jarret et du genou) et sur la queue. Nous ajoutions que l'inoculation était venue corroborer artificiellement les résultats cliniques.

Toutefois, l'expérimentation nous a montré que le tissu conjonctif sous cutané de l'extrémité de la queue n'est pas absolument dépourvu de réceptivité pour le virus du charbon bactérien. L'insertion d'une très forte dose de virus peut s'accompagner du développement de tumeurs éloignées et de la mort de l'animal.

Dès lors, nous pouvions prévoir que l'inoculation d'une quantité moyenne de virus sous la peau de l'extrémité libre de la queue, communiquerait aux sujets de l'espèce bovine une maladie avortée, semblable à celle qui succède à l'inoculation d'une très petite dose de virus dans le tissu conjonctif d'une autre région de l'organisme.

Cette hypothèse s'est trouvée vérifiée par l'expérience suivante :

6 *mai* 1883. — Génisse bressane âgée d'un an environ. On tente d'injecter sous la peau de l'extrémité de la queue, vers le milieu de la hauteur du toupillon, 1 centimètre cube de virus frais dont quelques gouttes ont tué un cobaye en vingt-quatre heures. L'opération ne réussit pas très bien ; on estime que 1/2 centimètre cube est ressorti du trajet de la seringue.

Néanmoins, la température rectale qui était à 39°,7 au moment de l'injection monte le lendemain à 40°,1 et redescend le surlendemain à 39°,8. La gaîté et l'appétit n'ont pas été troublés un seul instant.

Le 17 mai, on fait une nouvelle injection. Cette fois, on se propose d'inoculer 2 centimètres cubes et de prendre toutes les précautions nécessaires pour éviter la sortie du virus. Pour cela, on pratique trois petites galeries sous-cutanées avec un fin trocart ; on engage successivement la canule de la seringue dans chacune de ces galeries, et l'on y dépose le virus ; on ferme enfin les piqûres à l'aide du collodion.

La température de l'animal, avant l'injection, est 39°,6.

Le 18, la température s'élève à 40°,9 ; appétit diminué.

Le 19, la température passe à 40°,5 ; l'appétit reparaît.

Le 20, même température, même état général.

Le 21, la température descend à 39°,8, et s'y maintient les jours suivants.

On regarde l'animal comme hors des atteintes graves du virus. Quant à la portion de la queue qui reçut l'injection, elle est légèrement tuméfiée, sensible à la pression, et elle laisse écouler une très petite quantité de sérosité roussâtre.

Reste à s'assurer si cette génisse a gagné l'immunité.

Le 27 mai, on pousse au sein des muscles de la fesse droite dix gouttes de virus frais très actif; température rectale 39°,8.

Le 28, gaîté et appétit presque normaux; pas de tuméfaction ni de de boiterie dans le membre qui a reçu l'inoculation; température rectale 40°.

Le 29, la température est revenue à 39°,8; la génisse se porte admirablement bien.

Les inoculations des 6 et 17 lui avaient donc conféré l'immunité d'une manière que l'on peut dire parfaite.

N'ayant pas encore suffisamment multiplié les expériences de cette nature, nous ne saurions dire, pour l'instant, si ce mode d'inoculation se montrerait constant dans ses effets et dans ses résultats. La question mérite qu'on l'étudie attentivement. Quoi qu'il en soit, nous croyons devoir indiquer, en principe, la possibilité de donner une maladie bénigne et l'immunité en injectant des doses relativement fortes de virus frais dans le tissu conjonctif sous-cutané de la queue. D'après ce qui a été dit à la page 81, ce procédé exposera d'autant moins à des accidents et conférera néanmoins d'autant mieux l'immunité, qu'il sera appliqué à une saison dont la température sera modérée.

C. INJECTION DU VIRUS FRAIS ET DESSÉCHÉ DANS LES VEINES. — Les sujets de l'espèce bovine et de l'espèce ovine possèdent une grande tolérance pour le virus du charbon symptomatique lorsqu'il est introduit dans les veines.

En général, les premiers ne succombent point à l'injection de 4, 5 et 6 centimètres cubes de liquide extrait d'une tumeur charbonneuse ; les seconds supportent bien 1 à 2 centimètres cubes.

Ces inoculations déterminent quelquefois des frissons, toujours de la tristesse, de l'inappétence et de la fièvre ; la température s'élève à 1°, 1°,9 au-dessus de la normale ; mais ces troubles généraux ne durent que deux ou trois jours, et, après leur disparition, les sujets se montrent réfractaires à des inoculations ultérieures dans le tissu conjonctif.

Si l'on inocule une matière extrêmement active, ou si l'on rencontre un animal particulièrement sensible à l'action du virus, on peut assister à l'évolution complète de l'affection charbonneuse. On verra se développer une ou plusieurs tumeurs, ou bien le microbe envahira presque tous les tissus et viscères ; l'animal succombera. On sera exposé à assister à l'évolution d'une tumeur si l'animal est porteur de quelque contusion profonde au moment où l'on pratique l'injection intraveineuse.

Laissant de côté ces cas exceptionnels, on peut dire qu'il est très remarquable de constater que l'introduction du virus dans le sang cause un charbon larvé qui prémunit les animaux contre le développement ultérieur d'une tumeur habituellement mortelle.

Le microbe ne manifeste pas son action, en tant que ferment des matières albuminoïdes, au milieu de la masse sanguine. Néanmoins il s'y multiplie ainsi qu'en témoignent des expériences spéciales que nous avons entreprises sur ce point de sa physiologie, et il suffira qu'il franchisse la barrière endothéliale des vaisseaux pour qu'il exerce une influence funeste sur l'organisme.

Les animaux supportent aussi très bien l'injection intraveineuse du virus desséché à 32°, comme le démontre l'exemple suivant :

19 janvier 1883. — On délaie 1 centigramme de virus dans 2 centimètres cubes d'eau, en y apportant le plus grand soin. On filtre ensuite à travers un linge fin pour retenir les grumeaux.

Le liquide filtré est injecté dans la jugulaire d'un mouton ; température rectale, 40°.

Le 20, la température monte à 41°,1.

Le 21, elle descend à 40°,5.

Le 22, elle est revenue à l'état normal.

Au surplus, l'appétit de l'animal n'a pas été troublé un seul instant.

Le 29 janvier, on éprouve ce mouton en injectant six gouttes de suc musculaire frais, très virulent, dans les muscles de la fesse droite.

Le lendemain, le jarret droit est chaud, légèrement tuméfié ; la boiterie est assez forte ; mais le surlendemain la boiterie et la tuméfaction diminuent et tout rentre dans l'ordre.

Le mouton a donc été vacciné par l'injection du virus sec, comme il l'aurait été avec le virus frais. Mais l'emploi du virus sec met dans l'obligation de porphyriser la poudre très finement et expose à des accidents emboliques.

Il vaut mieux s'adresser au virus frais qui n'offre pas ces inconvénients au même degré. C'est donc du virus frais que nous allons parler.

Il n'est pas nécessaire d'injecter dans le sang une quantité considérable de virus à l'état naturel pour faire apparaître un charbon bénin, avorté, capable de conférer l'immunité. Nous avons réussi à obtenir cet heureux résultat sur le mouton, en injectant 3/10 de goutte de virus ; nous l'obtenons couramment sur les animaux de l'espèce bovine, en inoculant 3, 5 ou 10 gouttes. Quand l'inoculation est faite avec une aussi petite quantité de virus, les troubles généraux de la santé sont insignifiants ; le thermomètre seul accuse quelques dérangements ; la température rectale monte de 2 à 4 dixièmes de degré.

Par la constance de leurs effets, par la facilité de se procurer le virus, les injections intra-veineuses nous ont paru constituer un excellent moyen de conférer l'immunité aux animaux de l'espèce bovine. Mais il présente quelques difficultés qui résultent du danger de faire fausse route lorsqu'on pratique l'injection. Pour atténuer ce danger; nous nous sommes appliqués à régler minutieusement le manuel opératoire. Nous estimons avoir à peu près complètement réussi à rendre l'emploi des injections intra veineuses inoffensif.

• Avant de pratiquer une inoculation préventive par la voie sanguine. il faut préparer le liquide virulent et choisir les instruments et ustensiles nécessaires à l'opération.

1° *Préparation du liquide virulent*. — On a lu précédemment que 3/10 de goutte de liquide de pulpe musculaire avaient suffi pour conférer l'immunité au mouton; 3, 5, 10 gouttes, pour le bœuf. Il n'est donc pas nécessaire d'employer une dose bien considérable d'agents virulents pour vacciner un jeune animal de l'espèce bovine; on peut compter sur un bon résultat en employant 10 gouttes de liquide de pulpe musculaire.

Pour obtenir le virus, nous inoculons un cobaye, et lorsqu'il a succombé, nous préparons une pulpe musculaire avec deux parties de muscles pris dans sa tumeur et une partie d'eau; nous la pressons dans un linge, puis nous filtrons le liquide extrait de cette pulpe sur deux à trois doubles de toile batiste.

Lorsque le liquide virulent est obtenu, nous l'associons à telle quantité d'eau nécessaire pour faire une dilution au 1/5.

La dilution a pour but de faciliter le maniement de la dose vaccinale et de rendre les accidents moins redoutables dans le cas où il s'échapperait quelques gouttelettes de liquide en dehors de la veine pendant l'injection.

2 à 3 centimètres cubes de cette dilution suffiront à inoculer un animal de un à trois ans.

On aura soin d'agiter la solution chaque fois qu'on y puisera la dose nécessaire à un animal, afin de mettre les microbes uniformément en suspension dans la masse liquide, car ils tombent toujours au fond en vertu de leur densité.

2° *Instruments et ustensiles.* — Les instruments nécessaires pour faire l'inoculation sont :

1° Une seringue graduée pouvant contenir 4 centimètres cubes de liquide, munie de canules piquantes capillaires ;

4° Deux paires de pinces à dissection ; les pinces à artères, dont les branches sont maintenues rapprochées par un ressort à cran, sont préférables ;

3° Un bistouri convexe et un bistouri droit ;

4° Une paire de ciseaux courbes ;

5° Une aiguille à suture et du fil ;

6° Deux linges (essuie-mains).

Avant d'opérer, il est important de flamber ou de plonger les instruments tranchants un instant dans l'eau bouillante. Le fil à ligature doit être maintenu dans une solution d'acide salicylique à 2/1000.

L'adaptation exacte de la canule sur la seringue sera assurée par une petite garniture de stéarine ou de paraffine fondue, pour éviter que le liquide ne vînt sourdre entre ces deux organes au cours de l'injection.

Opération. — L'injection est poussée dans l'une des jugulaires, sur l'animal couché, afin d'éviter des accidents qui pourraient lui coûter la vie.

S'il s'agit d'un animal jeune et de petite taille, on le maintient couché sur un table ou un établi pour qu'il soit mieux à portée de l'opérateur ; s'il s'agit d'un animal plus âgé, on le couche sur un lit de paille.

Quand le sujet est couché, l'opérateur aspire 2 1/2 à 3 centimètres cubes de dilution virulente avec la seringue ; il lave ensuite à grande eau la canule et la surface entière de l'instrument pour les débarrasser des microbes qui pourraient s'y trouver ; puis il retire légèrement le piston, en tenant la seringue relevée, afin d'aspirer dans le corps de pompe le liquide virulent enfermé dans la canule. La seringue est dès lors préparée, il suffit de la maintenir verticalement ou obliquement, la canule en l'air jusqu'au moment de l'injection.

Ensuite, il faut découvrir la veine, et, pour éviter de faire fausse route lorsqu'on voudra la ponctionner, il importe de la dénuder complètement.

L'opérateur choisira la veine droite ou la veine gauche, à sa convenance ; il se placera à genoux, en arrière de l'encolure ; son aide se mettra en face.

La tête du sujet sera maintenue de façon qu'elle fasse un angle droit avec l'encolure.

L'aide presse sur la gouttière de la jugulaire en bas du cou, afin d'amener la distension de la veine. L'opérateur fait avec le bistouri convexe une incision longitudinale de 6 à 8 centimètres au niveau du bord antérieur de la saillie formée par la veine. Cette incision intéresse la peau et le muscle peaucier cervico-facial près du bord inférieur du mastoïdo-huméral.

Il saisit ensuite alternativement les bords de l'incision faite au peaucier avec les pinces à fermeture automatique ; puis, confiant la pince inférieure à son aide, il divise les lames de tissu conjonctif qui entourent la jugulaire avec le bistouri droit. Comme ce tissu forme plusieurs gaines minces emboîtées les unes dans les autres, il doit saisir et écarter plusieurs fois les bords des incisions faites sur ces gaines successives. La dénudation est complète lorsqu'on voit, entre le feuillet que l'on soulève et les parois de la veine, de petits tractus conjonctifs déliés, au sein desquels existent les vaisseaux et les nerfs destinés aux parois de la jugulaire.

Pendant cette partie de l'opération, l'aide a étanché le sang avec l'un des linges indiqués à l'instrumentation.

Arrive le temps le plus délicat, l'*injection*. L'opérateur saisit la seringue, se rend compte de son état de propreté, puis vient se placer à genoux, près du bout du nez de l'animal, en regardant dans la direction de la gouttière de la jugulaire.

La pince supérieure est confiée à un second aide (d'ordinaire celui qui maintient la tête de l'animal) ; la gaine de la veine est maintenue entr'ouverte ; la pince inférieure est abandonnée à son propre poids. Le premier aide fait de nouveau gonfler la jugulaire, la fixe ainsi dans sa position et en distend les parois.

Il est important d'abandonner simplement à elle-même la pince qui est fixée sur la lèvre inférieure de la plaie faite à la gaine, car une traction exercée sur cet instrument aurait pour effet d'aplatir la veine, et d'exposer l'opérateur à la trans-percer avec la canule de la seringue lorsqu'il ponctionne le vaisseau.

Enfin, la moitié supérieure de la plaie est recouverte d'un linge jeté en travers de l'encolure.

Ces précautions observées, l'opérateur abaisse la seringue avec lenteur, et la place de manière à ne pas perdre de vue le biseau taillé à l'extrémité de la canule. Si une goutte de la dilution virulente se présentait sur ce biseau, il aurait soin de l'enlever avec les doigts ou avec son tablier. Il approche la canule de la veine et l'introduit enfin brusquement dans le vaisseau en la dirigeant presque parallèlement au grand axe de la jugulaire, en évitant de se placer trop près d'une valvule veineuse.

L'aide presse toujours sur la veine. Pour bien s'assurer que l'instrument n'a point fait fausse route, l'opérateur retire légè-rement le piston ; si le sang monte dans la seringue, la canule est bien dans le vaisseau. Il ordonne à l'aide d'abandonner la veien à elle-même, puis il presse modérément sur la tige du piston, et introduit dans le vaisseau 2 à 3 centimètres cubes de la dilution.

Il ne faut pas vouloir pousser l'injection trop brusquement, car l'orifice d'écoulement de la canule étant très fin, relativement au diamètre du corps de pompe, si l'on presse trop énergiquement sur le piston, la tension dans la seringue devient énorme, on s'expose à voir la canule quitter son emmanchure et le virus se répandre dans la plaie.

C'est, du reste, pour parer à cet accident possible ou à toute suffusion du liquide virulent au niveau de l'ajustage de la canule que l'on place un linge propre entre la plaie et la seringue.

L'injection poussée, il faut retirer la canule et ne pas inoculer les parois de la veine pendant cette manœuvre.

On échappera à ce dernier danger : 1° en laissant la canule dans la veine quelques secondes, afin que les flots de la jugulaire en lavent bien la surface libre ; 2° en remplissant, avec le sang du vaisseau, la canule et une partie de la seringue, par un coup de piston en arrière ; 3° enfin, en retirant brusquement l'instrument sous un bain de solution salicylée à 2/1000 que l'aide prépare en transformant la plaie en une sorte de cuvette dans laquelle il verse le liquide antiseptique.

La plaie est inondée de la sorte durant cinquante ou soixante secondes ; on en rapproche ensuite les bords avec deux points de suture ; l'animal est relevé, conduit à l'étable où on le soumet à son régime habituel.

Nous dirons encore, comme dernières recommandations générales, qu'il est indispensable de ne jamais toucher la plaie avec les doigts, de se laver les mains à grande eau lorsqu'on a rempli la seringue du virus vaccinal, et chaque fois qu'on aura manié ce dernier pour une raison quelconque, d'éviter le contact des instruments tranchants avec la seringue et le virus, et de ne jamais employer indistinctement le linge qui sert à nettoyer les instruments ou à protéger la plaie pour étancher le sang pendant la vivisection.

Le manuel opératoire que nous venons d'exposer peut paraître long et difficile; il n'est que minutieux. La dénudation de la jugulaire n'offre pas de difficultés sérieuses. Il n'est même pas nécessaire, pour réussir, de porter cette dénudation à ses dernières limites ; mais nous estimons que c'est une précaution utile au succès de l'opération. Enfin la plus grande propreté est de rigueur.

Malgré les nombreux détails que nous avons indiqués, une injection n'exige pas plus de douze à quinze minutes d'un opérateur quelconque, et cinq minutes d'un opérateur exercé. On met, en général, plus de temps pour coucher l'animal, pour peu qu'il soit turbulent ou que l'on n'ait pas à sa disposition des auxiliaires au courant des manœuvres nécessaires, que pour pratiquer les différents temps de l'inoculation.

Ainsi réglé, le procédé des injections intra-veineuses préventives contre le charbon symptomatique, s'applique avec sûreté et à peu près sans danger.

Nous en donnerons pour preuve les 500 inoculations que nous avons pratiquées, depuis le mois de novembre 1880, dans le Rhône, la Haute Marne et l'Algérie, avec l'assistance du Ministère de l'agriculture, dans l'arrondissement de Gex, sous les auspices du Comice agricole de cette ville, ou à la demande spontanée d'un certain nombre de propriétaires.

Sur ce chiffre, un seul animal est mort des conséquences d'une manœuvre survenue pendant l'opération.

M. Nocard a proposé d'injecter le virus dans la jugulaire sur l'animal debout, en ponctionnant préalablement la peau et le vaisseau avec un trocart du modèle de la seringue primitive de Pravaz.

Au début de nos recherches, nous avons employé ce procédé qui s'offre le premier à l'esprit; il ne nous a pas réussi et nous l'avons abandonné, estimant qu'en présence des dangers que présentait l'insertion du virus dans le tissu conjonctif, il valait mieux découvrir le vaisseau et opérer à ciel ouvert.

Nous ne contestons pas qu'avec de l'habileté et un long exercice, on parvienne à faire de bonnes injections intra-veineuses avec le trocart, mais le noviciat ne sera ni plus long ni plus difficile pour acquérir le manuel que nous préconisons, et, probablement, il sera moins périlleux.

D. INJECTION DU VIRUS A L'ÉTAT NATUREL DANS LES VOIES RESPIRATOIRES. — En poussant du liquide virulent dans l'arbre trachéo-bronchique des animaux aptes à l'évolution du charbon, avec tous les soins nécessaires pour éviter l'inoculation du tissu cellulaire, on observe les mêmes résultats que si l'inoculation était pratiquée dans une veine.

Voici un exemple :

9 *mai* 1881. — On injecte dans la trachée d'une brebis 4 centimètres cubes de liquide virulent. L'injection est faite avec lenteur pour que le liquide virulent s'écoule goutte à goutte et ne provoque pas d'accès de toux.

10 *mai.* — Plaie trachéale nette; mais l'animal est triste; il frissonne de temps en temps; la température rectale s'est élevée de 9/10 de degré.

11 *mai.* — Les frissons continuent dans la matinée; ils disparaissent le soir.

12 *et* 13 *mai.* — Retour à la santé parfaite.

Cette brebis a été éprouvée le 17 et le 20 mai, comparativement avec des cobayes. L'insertion du virus dans le tissu conjonctif a tué les cobayes; la brebis a survécu.

L'introduction du microbe dans les voies respiratoires peut donc constituer aussi un procédé d'inoculation préventive contre le charbon symptomatique.

Le mécanisme par lequel ce procédé communique une maladie bénigne se déduit de celui des inoculations intra-veineuses.

Le microbe se répand dans les *infundibula* pulmonaires, d'où il pénètre dans les capillaires du poumon en traversant

purement et simplement les deux endothéliums adossés des
alvéoles du poumon et des vaisseaux capillaires sanguins. Or,
le microbe ne peut agir comme ferment, puisque cette propriété
demande le passage du microbe dans le tissu conjonctif pour
se révéler.

Toutes les difficultés de l'application pratique de ce procédé
résident dans le soin qu'il faut apporter pour éviter de laisser
tomber les microbes en dehors de la trachée.

Jusqu'à présent, nous avons ponctionné la trachée avec un
trocart de 5 millimètres de diamètre; nous laissons la canule en place; nous glissons ensuite dans cette canule un très
fin tube de caoutchouc qui flotte à l'intérieur de la trachée, d'une
part, tandis qu'on l'ajuste à la monture d'une petite seringue,
d'autre part; la seringue étant chargée de virus, on presse sur
le piston, de manière à en faire tomber 1 centimètre cube dans
les voies respiratoires; on donne ensuite un coup de piston en
arrière, pour appeler dans le corps de pompe de la seringue le
contenu du tube de caoutchouc, puis on retire doucement ce
dernier au dehors; de la sorte, il traverse les tissus dans
un tunnel métallique; il n'y a donc pas de danger d'inoculation.

Nous avons conçu le plan d'un appareil plus perfectionné.
Celui-ci consiste en une seringue dont la canule est à double
courant. Le tube central se continue avec l'intérieur du corps
de pompe et donne écoulement au virus. Le tube périphérique
communique avec un petit réservoir d'eau extérieur qui permet
de laver l'extrémité de la canule après l'injection, afin de la
débarrasser des particules virulentes avant de la retirer de la
trachée.

Comme ce procédé réclame autant de soin que l'injection
intra-veineuse, nous ne l'avons pas appliqué hors du laboratoire; mais, tel que nous le présentons, il enrichit la méthode
générale des inoculations prophylactiques.

§ 2

Immunité conférée à l'aide du virus atténué

Le procédé d'inoculation préventive avec le virus naturel qui nous offrit les meilleures garanties de succès est l'inoculation par injection intra-veineuse. Mais ce procédé exige certaines délicatesses d'exécution qui peuvent, dans une certaine mesure, nuire à sa généralisation aux besoins de la pratique.

Aussi avons-nous cherché le moyen de lui substituer un procédé qui soit à la fois plus simple, plus expéditif, et néanmoins aussi sûr.

L'inoculation par la méthode sous-cutanée est, au point de vue de l'exécution, le procédé le plus pratique. Malheureusement, nous avons indiqué précédemment qu'il était difficile d'allier ce manuel opératoire à l'emploi du virus naturel.

En présence de cette difficulté, nous nous sommes attachés à amoindrir l'activité du virus charbonneux, de façon à pouvoir déterminer plus aisément la dose nécessaire et suffisante pour donner l'immunité.

Nous avons atténué l'activité du microbe du charbon symptomatique de quatre manières :

1° Par l'action de substances antiseptiques ;

2° Par les cultures successives ;

3° Par l'action de la chaleur sur le virus frais ;

4° Par l'action de la chaleur sur le virus desséché ;

1° *Atténuation du virus par l'action des substances antiseptiques.* — Lorsqu'on met le virus du charbon bactérien au contact des substances réputées antiseptiques, on s'aperçoit qu'un certain nombre d'entre elles exercent peu d'influence sur son activité ; d'autres la suppriment en huit, douze, vingt-quatre ou quarante-huit heures ; quelques-unes la modèrent au point de transformer le virus mortel en virus vaccinal.

Il a été dit précédemment, qu'en principe, la division que nous venons d'établir parmi les substances antiseptiques est mal fondée. La plupart des antiseptiques peuvent tuer à la longue le virus du charbon bactérien ; mais si on raccourcit la durée du contact des deux agents, les antiseptiques affaiblissent simplement et dans des limites variables la virulence du microbe.

Conséquemment, il ne suffit pas qu'un antiseptique ait empêché le virus de tuer l'animal sur lequel on l'a inoculé pour conclure que cet antiseptique a détruit le microbe, il faut éprouver l'inoculé avec du virus frais et intact, et constater qu'il succombe à cette deuxième inoculation ; sinon, il aura été vacciné, preuve que le virus employé possédait encore une certaine activité.

En opérant dans cette direction, nous nous sommes aperçus que la glycérine phéniquée, une solution de sublimé corrosif, (1/5000) l'eucalyptol et le thymol pouvaient transformer le virus actif en virus atténué, dont l'inoculation dans le tissu conjonctif détermine un gonflement qui disparait après quelques jours, et confère l'immunité contre de nouvelles inoculations.

Nous sommes donc autorisés à dire qu'en déterminant, par des essais multipliés, le titre de certaines solutions antiseptiques (acide phénique, acide salicylique, sublimé, nitrate d'argent etc.), les proportions suivant lesquelles ces solutions doivent être associées au virus actif et la durée du contact, on parviendrait à préparer des virus à l'aide desquels on pratiquerait des inoculations prophylactiques.

Entraînés dans une autre direction par des espérances plus prochaines, nous n'avons pas persévéré dans cette voie.

2° *Atténuation du virus par les cultures successives.* — Les travaux de M. Pasteur sur l'atténuation du microbe du choléra des poules et du sang-de-rate nous ont engagé à cultiver l'agent virulent du charbon bactérien, afin d'en amoindrir l'activité.

Nous avons cultivé le microbe qui fourmille dans les tumeurs, et celui que l'on rencontre parfois dans le sang, en utilisant le sérum sanguin, et principalement les bouillons de veau et de poulet additionnés de sulfate de fer et de glycérine comme milieux, et en soustrayant l'air atmosphérique des tubes, ou en le remplaçant par l'acide carbonique. La température de l'étuve a varié entre 38° et 40°.

Inutile de nous appesantir sur le manuel de ces cultures; tous nos efforts ont tendu à l'observation des règles à suivre dans la culture des microbes anaérobies.

La culture du microbe contenu dans le sang, nous a donné de médiocres résultats; celle du microbe des tumeurs en a donné de plus satisfaisants.

Voici les faits tels qu'ils se sont présentés dans plusieurs séries :

Dans une série de cultures faites au sein d'un mélange de bouillon, de glycérine et de sulfate de fer, en l'absence de l'air, le microbe a conservé toute son activité jusqu'à la douzième génération; arrivé là, il fut abandonné.

Dans la plupart de nos autres séries, les cultures des première et deuxième générations ont fourni des microbes dont l'insertion dans le tissu conjonctif engendrait une tumeur mortelle; les microbes de troisième, quatrième, cinquième générations donnaient un charbon avorté, ou, en d'autres termes, agissaient comme vaccins. Généralement, au delà de la cinquième génération, l'inoculation des cultures a causé de simples accidents inflammatoires.

En résumé, le microbe du charbon symptomatique, comme la plupart des microbes anaérobies, perd assez rapidement son activité lorsqu'on le fait passer à travers une série de cultures. Pour la lui restituer, il faut modifier le milieu et se livrer à des manipulations longues et délicates. Aussi avons-nous accordé particulièrement nos soins à d'autres procédés d'atténuation.

3° *Atténuation du virus frais par la chaleur.* — L'exposition du virus frais en vase clos, dans une étuve chauffée à 65° pendant dix à trente minutes, ne modifie pas sensiblement son activité. Si l'on prolonge l'application de la chaleur ou si l'on élève la température, on atteint plus ou moins profondément l'énergie du virus, autrement dit, on l'atténue plus ou moins.

Ainsi, en inoculant une série de cobayes de même âge, de même sexe, avec des portions du même virus chauffées à 65° pendant 15, 20, 30, 40 et 70 minutes, nous avons vu ces animaux succomber de la douzième à la quarantième heure après l'inoculation, dans un ordre qui répondait exactement à la durée de l'exposition du virus à la chaleur.

Par conséquent, il est possible d'atténuer convenablement le virus bactérien par un procédé analogue à celui que M. Toussaint a préconisé pour transformer en vaccin le sang charbonneux bactéridien.

Mais l'expérience nous a démontré qu'un léger écart dans la température, soit au-dessus, soit au-dessous, déjouait tous les calculs. L'expérimentateur se meut dans des limites tellement étroites qu'il peut en sortir aisément, aussi a-t-il des avantages sérieux à opérer, si possible, sur un virus plus résistant que le virus frais.

4° *Atténuation du virus desséché par l'action de la chaleur.* — Depuis 1879, nous nous sommes assurés à maintes reprises que le virus exprimé d'une tumeur charbonneuse, desséché rapidement, avant l'apparition de toute putréfaction, à la température de $+ 32°$ à $+ 35°$, conservait pendant plus de deux ans, une activité considérable et toujours identique à elle-même. Le microbe enfermé dans ce virus desséché oppose, ainsi que nous l'avons dit au chapitre IV, une force de résistance énorme aux causes de destruction, bien supérieure à celle du virus frais.

Cette différence entre le virus frais et le virus sec nous a fait penser que nous règlerions plus facilement l'action de la chaleur sur le virus desséché, attendu que nous pourrions nous mouvoir entre des limites plus larges dans l'application de cet agent modificateur.

L'expérimentation a prouvé que nous ne nous étions point trompés.

Le virus complètement deshydraté peut être chauffé à 85°, 90°, sans rien perdre de son activité. Mais si on l'humecte avant de le soumettre à l'étuve, on constate qu'une exposition de six heures à la température de 85° lui enlève une partie de son énergie ; chauffé seulement à 60°, il se montre encore très actif.

Par conséquent, en chauffant le virus desséché dans les conditions sus-indiquées, on l'atténue de façon à pouvoir l'utiliser pour pratiquer des inoculations préventives.

La température de $+ 60°$ est la température minimum au-dessus de laquelle il faut nécessairement se maintenir. Quant à la température maximum qu'il ne faut point dépasser, elle est subordonnée à l'atténuation que l'on désire imprimer au virus ; et celle-ci doit varier avec la susceptibilité des espèces animales sur lesquelles on veut procéder à des inoculations prophylactiques. De sorte qu'il est bon d'établir une échelle de virus parallèle à la série des susceptibilités spécifiques des animaux que l'on utilise aux expériences. Par tâtonnement, nous avons vu qu'il était inutile de descendre au-dessous de 80°.

Le virus chauffé à 100° convient pour donner un commencement d'immunité au mouton, au cobaye et au bœuf. L'inoculation du virus chauffé à 85° sert à renforcer l'immunité.

Certains sujets de l'espèce bovine pourraient supporter d'emblée l'inoculation du second virus, mais il serait très imprudent de généraliser les conséquences de ces cas exceptionnels.

Quittons ces généralités pour donner des détails plus précis sur le mode d'atténuation et sur le mode d'emploi du virus atténué.

1° *Préparation du virus atténué.* — Afin d'obtenir un virus uniformément atténué, il est indispensable que toutes les particules du virus desséché soient soumises exactement aux mêmes influences physiques.

Il a été dit plus haut que la chaleur devait agir sur des microbes hydratés, sinon elle restait sans effet. Pour que toutes les parcelles virulentes reçoivent la même quantité d'eau, nous associons une partie de virus desséché à deux parties d'eau ordinaire, et nous mélangeons dans un mortier jusqu'à ce que nous obtenions un liquide presque homogène.

Ce liquide est versé en couche mince dans le fond d'une soucoupe ou d'une petite assiette (10 à 12 centimètres cubes environ), puis porté à l'étuve.

Nous avons employé la petite étuve de Gay-Lussac, à bain d'huile. L'étuve est préalablement chauffée et réglée à la température à laquelle on veut soumettre le virus. On l'ouvre et on dépose rapidement à son intérieur, sur un trépied, la soucoupe qui contient le produit à atténuer; on la referme aussitôt.

L'exposition dans l'étuve dure sept heures. On règle le chauffage de telle sorte que le thermomètre, qui s'abaisse notablement par le fait de l'introduction d'un corps froid et d'un liquide vaporisable, remonte au point de départ en une heure environ.

Quand l'opération est terminée, on retire la soucoupe; la substance virulente s'offre sous l'aspect d'une écaille brunâtre qui quitte aisément les parois du vase; on l'enferme dans du papier buvard et on la conserve dans un lieu sec. Il n'est pas inutile de l'enfermer sous une cloche ou dans un tiroir avec du chlorure de calcium ou de la chaux vive, pour sécher l'atmosphère ambiante.

2° *Mode d'emploi.* — Supposons que l'on ait préparé d'après ces indications du virus atténué par la température de 100°, et du virus atténué par la température de 85°. Si l'on veut procéder à des inoculations prophylactiques, on emploiera ces virus successivement de manière à préparer l'organisme, par le virus le plus affaibli, à recevoir celui qui doit lui conférer une immunité plus forte. On introduira donc sous la peau, à cinq ou huit jours d'intervalle, d'abord du virus atténué à 100°, puis du virus atténué à 85°.

Pour déterminer la dose, nous avons procédé par voie de comparaison. Nous savons que 1 centimètre cube de liquide virulent frais obtenu par notre procédé laisse 1 centigramme de résidu solide après évaporation. En conséquence, lorsque nous voulons donner au virus atténué l'état indispensable pour l'introduire dans l'organisme par injections hypodermiques, nous le mélangeons à l'eau ordinaire dans la proportion de 1 0/0 en poids, puis nous triturons dans un mortier bien propre et débarrassé de tout agent virulent étranger. Cette opération est assez longue, à cause de la difficulté que l'on éprouve à réduire en particules très fines l'albumine cuite qui emprisonne les microbes. On la simplifie en pulvérisant le virus à l'état sec, à l'aide d'un petit moulin Peugeot (vulgairement moulin à poivre), exactement serré. Il est indispensable d'avoir deux moulins, un pour chaque virus.

Les liquides étant préparés, on peut les employer sur le cobaye, le mouton et le bœuf.

S'il s'agit du *cobaye*, il suffira d'injecter, en une seule fois, sur la peau de la cuisse 1 centimètre cube du liquide virulent le plus atténué, c'est-à-dire 1 centigramme de virus desséché et chauffé à 100°. Si l'on opère sur le *mouton*, on introduira la même dose du même virus sous la peau de la face interne de la cuisse; cinq à six jours plus tard, on injectera dans le même point ou dans le point homologue, 1 centigramme de virus chauffé à 85°. S'il s'agit du *bœuf*, on procède à la rigueur comme sur le mouton. Sur les animaux de race perfectionnée, il sera prudent de diminuer légèrement la dose de virus. Graduées de la sorte, ces inoculations produisent des effets immédiats peu importants; plusieurs animaux ne perdent même pas un coup de dent; sur quelques-uns la température s'élève légèrement. Localement, on constate tout au plus, en explorant avec une grande attention, un très faible empâtement du tissu conjonctif situé en avant du tendon d'Achille, si les injections ont été poussées à la face interne de la jambe, rien, si l'on a opéré à la face interne de la queue, à deux travers de main au-dessus de l'extrémité libre.

C'est ce dernier point que nous avons définitivement choisi pour nos inoculations dans les campagnes.

Pour pratiquer l'injection dans cette région, on fera bien de faire, au préalable, un trajet sous la peau à l'aide d'une courte et fine tige d'acier ou d'un petit trocart, afin de ne pas s'exposer à briser la canule de la seringue. Le trajet sera dirigé de la base vers l'extrémité libre de la queue.

Nous ne transcrirons pas ici les nombreuses expériences dans lesquelles nous avons parfaitement réussi à vacciner le cobaye avec des produits atténués à différentes températures comprises entre 85° et 100°; nous nous bornerons à relater quelques expériences faites sur le mouton et le bœuf, parce qu'elles sont accompagnées de tous les éléments nécessaires pour apprécier la marche et le résultat des inoculations prophylactiques par ce nouveau procédé.

EXPÉRIENCES SUR LE MOUTON. — *a) Le* 11 *avril* 1882, on délaie 3 centigrammes de virus atténué à 100° dans 3 centimètres cubes d'eau. On partage cette dose de virus entre trois animaux de l'espèce ovine : une brebis noire, un mouton blanc et un mouton laine mélangée, que l'on appellera gris pour plus de simplicité. L'inoculation est faite sous la peau de la cuisse.

12, 13 et 14 *avril*. — Rien ne dénote extérieurement un trouble dans la santé de ces animaux, pas de boiterie; néanmoins la température s'est modifiée, comme l'indique le tableau suivant.

ANIMAUX	11 AVRIL.	12 AVRIL.	13 AVRIL	14 AVRIL
Brebis noire.	39° 3	40°	39° 4	39° 2
Mouton blanc	40° 1	40° 5	39° 8	39° 5
Mouton gris.	39° 6	40° 3	40° 1	39° 9

A partir du 14, on cesse de faire des observations régulières.

b) Le 19 avril, on procède à l'inoculation du virus atténué à 85°. 3 centigrammes de ce virus sont délayés dans 3 centimètres cubes d'eau. On injecte ensuite 1 centimètre cube à la face interne de la cuisse du mouton blanc, et 1 centimètre cube à l'extrémité de la queue (face inférieure), de chacun des deux autres.

Le tableau des températures recueillies après cette deuxième inoculation a été perdu; mais on peut affirmer que les suites de cette opération ont été aussi simples que les premières.

c) Le 30 avril, on s'assure, par une expérience d'épreuve, que les trois moutons sont prémunis contre les atteintes du virus naturel.

On se procure un quatrième mouton pour servir de témoin. Les quatre moutons reçoivent chacun cinq gouttes de virus frais très actif dans les masses musculaires de la cuisse; on inocule en même temps un cobaye indemne.

Le cobaye et le mouton témoins sont morts en trente heures avec toutes les lésions du charbon symptomatique.

Au contraire, les trois animaux inoculés préalablement avec les virus atténués ont résisté. Les deux moutons ont présenté un œdème insignifiant du creux du jarret; la brebis noire a boité pendant deux jours; mais ce léger désordre a rapidement disparu.

d) Le 13 mai, on les éprouve de nouveau, et cette fois avec 1/2 centimètre cube de virus frais; ils sont encore sortis pleins de santé de cette deuxième épreuve; le mouton blanc a boité pendant un jour et demi, mais il n'a pas cessé de manger un seul instant.

Nous avons injecté les virus atténués, à titre de renseignements, sur plus de quarante autres moutons. La température s'est constamment élevée après chaque inoculation; mais tantôt la plus grande thermogénèse s'est montrée après la première inoculation, tantôt après la seconde.

EXPÉRIENCES SUR DES ANIMAUX DE L'ESPÈCE BOVINE. — 15 *mai* 1882. — On a acheté trois veaux âgés de huit à dix mois pour les inoculer préventivement avec les virus atténués ; il y a un veau schwitz à robe grise, un veau du pays, pie-rouge, et un veau salers, rouge.

a) On délaie du virus chauffé à 100° dans une quantité suffisante d'eau, de façon à donner à chaque animal 1 centigramme de virus sec. L'inoculation est poussée un peu en dedans du bord postérieur de la cuisse ; on a soin d'inciser légèrement la peau avant de plonger la canule de la seringue dans les tissus.

Les jours suivants, état général en apparence très bon, empâtement à peine appréciable de la corde du jarret.

Les modifications de la température furent plus ou moins sensibles.

ANIMAUX	15	16	17	18
Veau gris.	38° 4	39°	39° 1	39°
Veau pie, ...	39° 2	39° 4	39° 1	39°
Veau rouge	38° 1	38° 4	38° 3	38°

b) 24 *mai*. — On inocule ces trois animaux avec 1 centigramme de virus atténué à 85° pour renforcer l'immunité qu'a dû leur conférer l'inoculation du 15.

Le thermomètre a accusé encore une modification de la température chez les trois animaux.

ANIMAUX	24	25	26	27
Veau gris	38° 8	39°	39° 2	39°
Veau pie.	38° 1	39° 4	39° 1	39° 1
Veau rouge.	38° 6	38° 8	38° 9	39° 1

c) 28 *mai.* — On éprouve l'immunité de ces animaux en leur inoculant, comparativement avec un veau italien indemne, cinq gouttes de virus frais dans le bord postérieur de la cuisse.

Le 28 mai, dans la soirée, le veau gris présente une très légère tuméfaction autour de l'inoculation; la pression est un peu douloureuse; mais pas de boiterie; le veau pie et le veau rouge ne paraissent pas avoir ressenti le moindre effet de l'inoculation. Quant au veau témoin, il offre déjà un empâtement de la face interne de la jambe, et une grande sensibilité de cette région.

29 *mai.* — Dès le matin, le veau témoin est triste; il porte la tête basse et se montre indifférent à la nourriture; il reste debout, le membre inoculé dans la demi flexion; forte boiterie, quand on force l'animal à marcher. Œdème chaud de toute la région du jarret.

Les trois veaux vaccinés sont gais; ils mangent et se meuvent comme à l'ordinaire.

Les températures se sont, du reste, modifiées d'une manière caractéristique.

ANIMAUX	28	29
Veau gris . . . . , ...	39°	39°1
Veau pie.	39°	39 2
Veau rouge.	39°4	39°4
Veau témoin.	39°2	40°1

A cette première liste de jeunes animaux, nous pouvons ajouter deux sujets plus âgés sur lesquels on fit, dans le Bassigny, les expériences de contrôle que nous venons de rapporter et qui furent exécutées à l'École vétérinaire de Lyon.

Veau bernois croisé, âgé de dix mois, appartenant à M. Michaut, propriétaire à Meuse (Haute-Marne).

19 *septembre* 1882. — Première inoculation à la région caudale avec le virus atténué. Très légère tuméfaction au siège de l'inoculation; pas de troubles généraux marqués; la température s'élève de 4 dixièmes de degré.

27 *septembre*. — Deuxième inoculation avec le virus atténué à 85°. On ne prend pas la température; mais les suites ont paru très simples.

10 *octobre*. — On éprouve cet animal, et, pour cela, on injecte du virus frais dans les muscles de la fesse.

Le lendemain, il y a douleur autour du point inoculé; la température passe de 39°,7 à 41°; l'animal est triste; néanmoins, il continue à manger.

Le 12 octobre, la température est descendue à 40°,2.

Le 20, elle est à 39°,7.

Le veau bernois a donc été vacciné par les deux premières inoculations.

Veau fribourgeois, âgé de huit mois, appartenant à M. Clerget, propriétaire à Avrecourt (Haute-Marne), est inoculé les 9 février et 10 mars 1883 avec les virus atténués injectés sous la peau de la queue. La température s'élève de 39°,9 à 41°.

Ce veau est éprouvé quelques jours après, à l'aide de virus frais que l'on injecte dans les muscles de la fesse. Pas de tumeur, il sort en bonne santé de· cette épreuve.

Nous pouvons citer encore, à l'appui de ces exemples, l'observation faite sur quatre animaux de dix-huit mois à deux ans qui furent mis à notre disposition par la Société d'encouragement à l'agriculture de la Haute-Saône. Ces sujets furent inoculés avec le virus atténué, à Vesoul, en juin 1882, et éprouvés en août, comparativement avec deux sujets indemnes, à l'occasion d'une démonstration sur les moyens de vacciner contre les affections charbonneuses; ils sortirent intacts de l'inoculation avec le virus frais, tandis que les animaux témoins ont succombé en moins de deux jours. Nous en reparlerons dans le chapitre suivant.

Nous nous sommes assurés expérimentalement que les propriétés du virus atténué se conservent au moins pendant un an. Sous ce rapport, il se comporte comme du virus simplement desséché et s'il y avait quelque crainte à concevoir de ce côté, ce serait plutôt de lui voir récupérer l'intégralité de ses propriétés infectieuses que de constater son anéantissement.

§ 3

Indications et réflexions générales

Il découle des recherches exposées dans ce chapitre que nous sommes parvenus à communiquer l'immunité contre le charbon symptomatique par cinq procédés différents, parmi lesquels deux ont été réglés avec assez de précision pour qu'il soit permis de les faire entrer dès maintenant dans la pratique des inoculations prophylactiques. Au surplus, le chapitre suivant est consacré entièrement au récit des bénéfices obtenus en pleine campagne par l'emploi de l'inoculation intra-veineuse et de l'inoculation sous-cutanée du virus atténué.

Avant de passer à ce dernier chapitre, nous tenons à indiquer en quelques mots les précautions à prendre dans l'application de l'un ou de l'autre procédé, et à donner certains renseignements sur la conservation d'une source de virus.

Corservation du virus et préparation du virus frais. — Il est indispensable d'avoir constamment à sa disposition du virus frais pour pratiquer des inoculations préventives par injections intra-veineuses, à la demande des intéressés. Pour parer à ce besoin, il faut conserver du virus desséché à + 32°. On profitera d'une belle tumeur charbonneuse développée sur le bœuf pour faire une provision de virus. (Voyez la préparation de ce virus, chapitre III, page 76.)

Si on veut pousser une ou plusieurs injections intra-veineuses, nous ne conseillons pas l'emploi du virus desséché, car il est trop difficile de lui donner un état physique convenable pour éviter la production des embolies. Nous avons l'habitude de rajeunir le virus en le faisant passer sur le cobaye.

On délaie quelques parcelles de virus sec dans un peu d'eau et on les injecte sous la peau de l'une ou des deux cuisses d'un cobaye. Au bout de vingt-quatre heures environ cet animal meurt, et avec les tumeurs charbonneuses dont on a provoqué le développement, on prépare un liquide virulent, d'après la formule suivie pour la préparation du premier.

Un cobaye fournit le virus nécessaire à inoculer trente-cinq à quarante animaux de l'espèce bovine. Dans le cas où on aurait à inoculer pendant plusieurs journées consécutives, on inoculera autant de cobayes à vingt-quatre heures d'intervalle, afin d'avoir une provision de virus frais chaque matin. Cette précaution est utile pendant les chaleurs de l'été.

S'il arrivait par une négligence ou par un accident quelconque que la putréfaction ou la septicémie envahit les liquides virulents, il y aurait lieu de séparer l'agent septique du microbe charbonneux.

On y parviendra en soumettant les matières suspectes à l'action de l'acide sulfureux. Ce gaz détruit en quelques heures l'activité du vibrion septique et respecte celle de la bactérie du charbon symptomatique.

On peut donc préserver, par l'usage de cet antiseptique, le virus charbonneux d'une association dangereuse, non pour le bœuf, mais pour les espèces sur lesquelles on régénère le virus.

Age auquel il convient de pratiquer les inoculations préventives. — L'expérimentateur et le praticien doivent être avertis qu'il est préférable de pratiquer les inoculations prophylactiques contre le charbon sur des animaux sevrés depuis quelques mois. Comme nous l'avons déjà dit (Voy. p. 68), l'observation a démontré que le charbon symptomatique s'attaque très rarement, sinon jamais aux jeunes veaux ; par conséquent, au point de vue des dangers que l'animal court pendant sa première jeunesse, il n'y a pas d'inconvénients à différer l'inoculation, tandis qu'il y en aurait à faire l'inoculation à cet âge au point de vue des bénéfices qu'il peut en retirer. L'expérience nous a montré que les veaux de lait perdent rapidement l'immunité qui suit les inoculations préventives, si tant est qu'ils l'aient acquise lorsqu'on les a inoculés.

Le chapitre III contient tous les faits sur lesquels sont basées ces déductions.

Doit-on inoculer les adultes et les animaux âgés ? Les adultes courent plus de danger que les veaux et beaucoup moins que les sujets compris entre dix mois et trois ans. Ils devront donc passer après ceux-ci. Quant aux animaux âgés, nés et élevés dans un pays infecté, on peut se dispenser de les inoculer. Ils ne contractent plus le charbon spontanément, et plusieurs possèdent une immunité assez forte pour lutter contre une inoculation de virus frais dans le tissu conjonctif intra-musculaire.

Conséquemment, dans une région ou dans une ferme, les inoculations préventives seront appliquées de préférence aux animaux compris entre six mois et trois ans, puis aux adultes par surcroît ; on attendra quelques mois pour les veaux de lait ; on s'abstiendra pour les vieux animaux.

Utilité de deux inoculations successives. — Quel que soit le procédé usité, il est bon de faire deux inoculations successives, afin d'obtenir une immunité sérieuse.

Sans doute, l'on peut arriver à négliger cette précaution en injectant d'emblée une forte dose de virus naturel dans les veines ou de virus atténué dans le tissu conjonctif; mais, pour la sécurité de l'animal, il vaut mieux atteindre graduellement le résultat que l'on poursuit. Pour cela, on fera bien de pousser deux injections intra-veineuses avec le virus frais ou deux inoculations sous-cutanées avec le virus atténué, la première avec le virus le plus affaibli, la deuxième avec le virus le moins atténué.

Durée de l'immunité. — On pourra se demander s'il ne serait pas nécessaire de renouveler les inoculations chaque année pour préserver les animaux d'élevage. Afin de parer à cette question, nous avons cherché à connaître la durée de l'immunité que l'on confère par l'inoculation préventive. Nous nous sommes assurés par l'expérience suivante qu'elle est *au moins* de dix-sept mois :

Une génisse de la ferme de la Tête-d'Or, à Lyon, avait été inoculée préventivement le 30 novembre 1880. Le 21 avril 1882, on pousse dans les muscles cruraux de cet animal 1 centimètre cube d'un virus qui serait capable de tuer à une dose dix fois moindre. La génisse s'est montrée absolument réfractaire. Un cobaye témoin a succombé vingt-quatre heures après l'inoculation.

M. Brémond, vétérinaire à Oran, s'est assuré par des inoculations d'épreuve, que l'immunité conférée à des bêtes algériennes à la suite de nos vaccinations, persistait encore dix-huit mois après l'opération.

Ajoutons que tous les animaux inoculés par nous en 1880, 1881 et 1882, dans les contrées infectées, ont résisté jusqu'à présent aux atteintes du charbon spontané, sauf trois exceptions sur lesquelles nous nous expliquerons plus loin. Or, si l'on tient compte, d'une part, que plus l'animal s'éloigne de l'âge de six mois à un an, moins il est exposé à la maladie ; si l'on songe, d'autre part, qu'un sujet pourvu artificiellement d'une assez forte immunité pourra la voir se renforcer par des inoculations accidentelles, il est permis d'espérer qu'une première inoculation suffira à le protéger contre les dangers qu'il court, surtout si cette inoculation a été pratiquée vers l'âge de deux ans.

Transmission héréditaire de l'immunité. — Nous avons dit, en traitant de l'inoculabilité du charbon bactérien, qu'on pouvait rencontrer des sujets réfractaires ou peu sensibles à l'inoculation virulente, et nous avons démontré expérimentalement que cet état tenait à l'âge ou à la vaccination spontanée qu'éprouvent les adultes dans les pays infectés.

À ces deux causes, il convient d'ajouter la transmission de l'immunité de la mère à son produit. Voici des expériences qui mettent cette action en évidence :

Parmi les animaux inoculés en novembre 1880, à la ferme de la Tête-d'Or, se trouvaient cinq génisses qui avaient été saillies pour la première fois dans le courant du mois de septembre, c'est-à-dire soixante-huit jours avant l'inoculation intra-veineuse. Ces cinq génisses conçurent ; leur gestation fut régulière, excepté chez l'une d'elles qui mit bas prématurément, au huitième mois, un produit qui survécut d'ailleurs.

Les cinq veaux issus de ces génisses furent inoculés de douze à seize jours après leur naissance avec 1/2 centimètre cube de virus très actif, et quelques jours plus tard avec 1 gramme ; aucun d'eux n'en ressentit d'effets graves. L'action locale du virus a été nulle, l'action générale insignifiante.

Conséquemment, une femelle de l'espèce bovine qui reçoit l'immunité contre le charbon bactérien pendant les premiers mois de la gestation, la transmet au produit issu de cette gestation. Nous ne saurions dire, pour le moment, si elle la transmettrait aux produits des gestations ultérieures.

Toutefois, voici deux faits bien dignes de susciter les réflexions sur ce sujet :

Deux des génisses inoculées en novembre 1880, n'avaient pas été fé-condées par l'accouplement du mois de septembre précédent. On les fit saillir de nouveau, et cette fois avec succès : l'une vingt jours, l'autre trois mois et demi après l'inoculation préventive, par un taureau inoculé lui aussi, à la même date et doué de l'immunité ; on obtint deux veaux qui résistèrent à l'épreuve aussi bien que les précédents.

Rappelons ici que si les veaux nés de parents non vaccinés résistent à l'inoculation de 2, 3, 5 et même 6 gouttes de virus, nous les avons toujours vus succomber à l'insertion de 10 gouttes, faite de leur naissance au quinzième jour. Or, les jeunes issus de mères vaccinées, éprouvés d'emblée avec 10 gouttes et quelques jours après avec 20 gouttes, ont parfaitement supporté l'épreuve comme il vient d'être dit. Nous nous croyons donc autorisés à admettre, au moins pour la gestation qui s'ef-fectue ou qui a commencé peu de temps après la vaccination, la transmission de l'immunité de la mère à son produit. Si l'on veut bien se reporter à la démonstration que nous avons donnée au chapitre V du passage des éléments virulents de la mère au fœtus, on y trouvera l'interprétation et l'explication de ce fait d'hérédité maternelle.

Épreuves. — On peut être appelé à fournir la démonstration de l'efficacité des inoculations préventives. En pareil cas, on inocule comparativement les vaccinés et un ou plusieurs témoins avec la même quantité de virus naturel. Il importe de propor-tionner la dose de virus au degré de résistance des espèces sur lesquelles on a entrepris la démonstration. Si l'on a choisi le mouton, il ne faut pas dépasser la dose de cinq gouttes de virus naturel ; si on opère sur le bœuf, on peut arriver à dix gouttes.

L'inoculation d'épreuve est suivie parfois, sur certains sujets, d'un gonflement chaud et douloureux qui peut faire craindre au premier abord que la vaccination soit restée inefficace. On ne doit pas se hâter de conclure ni s'effrayer prématurément.

Effectivement, ce gonflement disparaît assez rapidement. D'ailleurs, si l'on compare l'état de ces animaux à celui des témoins, on constate, dès le début des accidents, une grande différence dans l'intensité et le nombre des phénomènes alarmants. Il est très rare que, malgré la tuméfaction, les animaux inoculés perdent l'appétit, leur gaîté et leur vivacité. Nous nous plaisons à donner ces renseignements, pour éviter des jugements préconçus et de fausses alertes.

CHAPITRE VII

APPLICATIONS ET RÉSULTATS

Nous n'avons point borné à l'enceinte du laboratoire nos observations sur l'inoculation préventive du charbon bactérien.

Depuis le mois de novembre 1880, nous l'avons appliquée à diverses reprises dans des localités infectées. Nous allons faire connaître en détail les inoculations pratiquées à la campagne et les résultats qu'elles ont fournis. Cette sorte de statistique sera le meilleur commentaire que nous puissions donner à nos travaux.

§ 1

Applications

Les vaccinations dont nous allons rendre compte ont été pratiquées avec le virus naturel injecté dans les veines et avec le virus atténué inséré sous la peau.

Inoculations préventives par injection intra-veineuse de virus naturel. — Elles ont été les plus nombreuses, puisque ce n'est qu'à une époque récente que nous nous sommes occupés de l'atténuation du virus bactérien.

A. — Au mois de novembre 1880, M. Caubet, cultivateur

à la ferme de la Tête-d'Or (Rhône), qui venait de perdre dans l'espace de quelques mois, quatre bêtes du charbon bactérien sur un effectif de quarante têtes, nous pria d'inoculer son jeune bétail, ce que nous fîmes les 25, 27, 28 et 30 novembre, 1er et 4 décembre.

Le nombre d'animaux inoculés chez lui, fut de 21 ; ils appartenaient aux races ou variétés Schwytz, femeline, bretonne, hollandaise, Durham, cottentine, d'Ayr et de Jersey.

B. — Au mois de février 1881, nous nous sommes transportés, sous les auspices du Ministère de l'agriculture, dans une partie du département de la Haute-Marne qu'arrose la Meuse, désignée sous le nom de Bassigny et fréquemment visitée par le charbon, comme il a déjà été dit. Là, nous avons inoculé 245 animaux dans les quatre communes de Dammartin, Avrecourt, Saulxures et Meuse, et dans la ferme de Damphal.

C. — Dans le courant d'avril suivant, nous trouvant en Algérie à l'occasion du Congrès de l'Association française pour l'avancement des sciences, nous fûmes vivement intéressés par le récit des pertes que le charbon bactérien inflige au bétail de notre colonie. Pour faire connaître notre méthode, nous avons pratiqué devant quelques vétérinaires algériens seize inoculations dans la plaine de la Mitidja, dans les fermes de M. Arlès-Dufour et de Mme Lescane, et douze dans la province d'Oran, sur les bords du lac Misserghin, dans la ferme de M. Duverryer.

D. — Au mois de novembre de la même année, l'un de nous inocula, à la demande des propriétaires, 40 animaux dans trois villages du Bassigny.

E. — En 1882, les 19 et 20 mai, nous nous sommes transportés dans le pays de Gex, à la prière de quelques amodiateurs d'alpages, et là, sous les auspices du Comice agricole, nous avons inoculé : 43 bêtes à Segny, 34 à Gex et 2 à Pouilly-Saint-Genis ; soit 79 en totalité.

F. — Enfin, dans les six derniers mois de 1882, l'un de nous a vacciné une centaine de bêtes dans les communes haut-marnaises de sa circonscription.

Nous avons donc, à l'heure actuelle, inoculé par injection intra-veineuse plus de 500 bêtes bovines, représentant une valeur d'environ 115.000 francs.

Inoculations préventives par emploi de virus atténué. — Nous nous sommes servis du virus atténué par la chaleur, comme il a été dit au chapitre précédent.

A. — La première vaccination pratiquée en dehors du laboratoire a été faite au mois de juin 1882, à Vesoul, sur un lot de quatre bêtes mis à notre disposition par la Société d'encouragement à l'agriculture de la Haute-Saône. On trouvera plus loin le résultat de l'inoculation d'épreuve subie par ces animaux au mois d'août de la même année.

B. — Dans les mois de mars et avril 1883, l'un de nous a inoculé 75 bouvillons et génisses dans les villages d'Avrecourt, Dammartin, Lavernoy et Rançonnières (Haute-Marne).

C. — Dans le courant du mois de mai 1883, appelés de nouveau dans le pays de Gex (Ain), nous avons inoculé préventivement 126 bêtes bovines, dans les communes de Ségny, Gex, Divonne et Saint-Genis ; la première vaccination avec le virus le plus atténué a eu lieu les 14 et 15 mai et la seconde les 22 et 23 du même mois.

D. — Indépendamment des opérations que nous avons pratiquées nous-mêmes, nous avons envoyé du virus atténué à MM. Amiot, vétérinaire à Guyon (Yonne); Dubois, à Confolens (Charente) ; Moulin, à Aiguebelle (Savoie), ainsi qu'à M. Fleming, vétérinaire-inspecteur de l'armée anglaise et à la Société d'agriculture et d'alpage du canton de Vaud (Suisse). Nous savons, à l'heure où nous écrivons, qu'il a été utilisé par quelques-uns de ces confrères.

§ 2

Résultats

Le point important est de comparer la mortalité causée par le charbon symptomatique avant et après la pratique de l'inoculation préventive, dans les lieux où nous avons opéré.

Nous laisserons de côté les vaccinations faites par injection intra-veineuse pendant les derniers mois de l'année 1882 dans le Bassigny, ainsi que toutes celles pratiquées avec le virus atténué ; les unes et les autres sont trop récentes pour servir de base à la démonstration que nous poursuivons.

Nous allons d'abord fournir une première statistique, s'appliquant à des exploitations que nous surveillions nous-mêmes, que nous n'avons point perdu de vue depuis le moment des vaccinations ; puis nous ferons connaître les renseignements qui nous ont été transmis sur nos opérations d'Algérie et du pays de Gex.

Rhône et Haute-Marne. — Rappelons ici que nous n'avons inoculé que le jeune bétail de six mois à trois ans, et que, dans quatre communes, une proportion plus ou moins forte des jeunes sujets n'a pas été opérée.

LOCALITÉS	PROPORTION du bétail VACCINÉ	PERTES en 1880, avant la VACCINATION	PERTES en 1881, après la VACCINATION	REMARQUES
Ferme de la Tête-d'Or (Rhône). .	La totalité	4	0	La maladie est survenue sur un agneau à la ferme de la Tête-d'Or
Commune de Dammartin (Hte-M.)	1/2	6	3	
— d'Avrecourt —	Presque tout	9	1	
— de Saulxures —	2/3	40	6	
— de Meuse —	Presque tout	10	1	
Ferme de Damphal —	La totalité	5	0	
		74	11	

Complétons ce tableau par quelques explications :

Dans les fermes de la Tête-d'Or et de Damphal, où nous avons vacciné tout le jeune bétail bovin, il n'y a pas eu de victimes depuis ce moment sur les bêtes indigènes, un agneau seul est mort à la Tête-d'Or.

Il s'est passé à la ferme de Damphal un fait que nous voulons relever, parce qu'il nous semble démonstratif de l'efficacité des inoculations préventives. En 1882, la Société d'agriculture de l'arrondissement de Langres importa de Suisse quelques taureaux qu'elle revendit aux agriculteurs de sa circonscription. M. S..., fermier à Damphal, acheta un de ces taureaux *qui mourut du charbon symptomatique quinze jours après son introduction* dans les étables de la ferme, tandis que les autres animaux continuèrent à se montrer réfractaires.

Dans la commune de Meuse, à notre arrivée, tous les propriétaires nous amenèrent avec grand empressement leurs jeunes bovidés ; deux seulement se tinrent à l'écart. Or, l'unique animal mort en 1881 du charbon bactérien à Meuse appartient précisément à l'un des deux cultivateurs précités.

Dans la commune de Saulxures, depuis longtemps une des plus éprouvées du département de la Haute-Marne, la mortalité est tombée de 40 à 6. Uu cultivateur, M. L..., possédait dans son étable au moment où nous pratiquions les inoculations 3 jeunes bêtes, 2 ont été vaccinées, 1 ne l'a pas été. Cette dernière a succombé au mal de cuisse au moment de la poussée charbonneuse qui a envahi le village à l'automne.

Mais voici des renseignements d'un autre ordre : Voisins des quatre communes haut-marnaises où nous avons inoculé préventivement en février 1881, et dans la zone infectée, se trouvent les villages de Rançonnières et de Lavernoy. Le temps dont nous disposions ne nous permit pas de nous y rendre à cette époque, circonstance qu'on peut qualifier d'heureuse pour la

démonstration que nous poursuivons, puisqu'elle va nous permettre de répondre à l'objection qui pourrait nous être faite
que le charbon, par suite de causes indéterminées, a été *naturellement* moins meurtrier en 1881 que les années précédentes.
Voici l'état des pertes causées par le charbon bactérien dans ces
deux localités :

LOCALITÉS	PERTES EN 1880	PERTES DANS LES 10 PREMIERS MOIS DE 1881
Commune de Rançonnières	12	11
— Lavernoy.	14	12

Au commencement du mois de novembre 1881, une poussée de
charbon s'abattit sur ces deux communes, les habitants s'empres-
sèrent de prier l'un de nous de venir pratiquer des inoculations
et depuis ce moment (4 novembre 1881), le *charbon n'a pas
reparu* dans les étables où l'inoculation préventive a été appliquée.

Algérie. — Nous n'avons pas eu de nouvelles de l'état sanitaire du bétail des deux fermes de la Mitidja où nous avions
inoculé seize bêtes en avril 1881. Par contre, M. Brémond.
vétérinaire, chef du service des épizooties du département
d'Oran, nous a informé par lettre du 25 novembre 1882, que
jusqu'à ce jour pas un cas de charbon bactérien ne s'était montré
dans la ferme de M. Duverryer, sur les bords du lac Misserghin, où nous avions pratiqué douze inoculations. De plus
M. Brémond a donné de l'efficacité de nos vaccinations une
démonstration sur laquelle nous allons revenir tout à l'heure.

Pays de Gex. — Pour faire connaitre le résultat des inoculations préventives pratiquées par nous dans le pays de Gex,
nous ne pouvons mieux agir qu'en reproduisant ici le rapport

adressé par le docteur Gerlier au président du Comice agricole de l'arrondissement de Gex; voici ce document :

RAPPORT A M. LE PRÉSIDENT DU COMICE AGRICOLE DE GEX

SUR LES RÉSULTATS DE L'INOCULATION CONTRE LE CHARBON SYMPTOMATIQUE DANS LE PAYS DE GEX

Les inoculations préventives du charbon symptomatique, entreprises par MM. Arloing et Cornevin, dans le pays de Gex, au mois de juin 1882, à la demande du Comice agricole de l'arrondissement, ont été couronnées de succès.

Les 78 jeunes bovidés vaccinés à Segny, Gex et Saint-Genis, par la méthode intra-veineuse sont redescendus de l'alpage sains et saufs. Aucun n'a succombé au quartier ou charbon symptomatique ni à quelque autre maladie.

Ce résultat n'aurait rien de merveilleux et ne serait nullement concluant si le charbon symptomatique n'avait exercé cette année aucun ravage dans nos montagnes, et si, vaccinées ou non, toutes les bêtes avaient été indistinctement préservées. Or, il n'en a pas été ainsi.

Voici les renseignements réunis à grand'peine, par la persévérance et l'activité d'un amodieur qui veut arriver à la vérité et qui ne se laisse pas arrêter, comme les autres, par la crainte de discréditer les montagnes. Sans lui, les résultats de la campagne de 1882 seraient perdus pour la science.

Les bêtes inoculées se sont trouvées pour la plupart disséminées dans quatre chalets du voisinage de la Dôle. Ce sont ceux de la Baronne, de la Girondette, de la Greffière et de la Pillarde.

A la Baronne (Suisse), qui comptait 30 bêtes vaccinées, pas un cas de charbon symptomatique ne s'est déclaré et l'expérience est nulle.

La Girondette (Gex) comptait 49 bovidés de moins de quatre ans, dont 24 inoculés et 25 non inoculés ; 2 de ces derniers ont péri du charbon symptomatique.

A la Greffière (Gex), pâturaient 12 bêtes de moins de quatre ans : 7 inoculées et 5 non inoculées ; 2 des 5 qui n'avaient pas subi l'opération ont été victimes du charbon symptomatique. Résultat qui ne peut guère être attribué au hasard et qui constitue une forte probabilité.

La Pillarde (Gex) avait dans son troupeau 80 bêtes de moins de quatre ans, dont 3 seulement avaient été inoculées. La mortalité par le charbon symptomatique y a été de 3 et a porté naturellement sur les non inoculés.

Mais pour éclairer la question, il importe encore de suivre la maladie dans les autres chalets du massif de la Dôle ne contenant pas d'animaux inoculés.

Le charbon symptomatique s'y est montré dans les proportions suivantes :

A la Chenaillette, sur 30 bêtes de moins de quatre ans, 5 décès, soit 1/15.

A la Germine, sur 13 bêtes de moins de quatre ans, 4 décès, soit 1/3.

A la Petroule (Vaud), sur 49 bêtes de moins de quatre ans, 9 décès, soit 1/5.

Au Reculé (Vaud), sur environ 40 bêtes âgées de moins de quatre ans, 3 décès, soit 1/13.

Au Bossaton, sur 30 bêtes âgées de moins de quatre ans, 2 décès, soit 1/15.

Aux Dappes, sur 20 bêtes âgées de moins de quatre ans, pas de décès.

On peut conclure de tout ceci :

1° Que la mortalité des jeunes bovidés dans la région de la Dôle a été d'au moins 1/30 par le charbon symptomatique.

2° Que l'ensemble des faits ne permet pas de révoquer en doute que les inoculations de MM. Arloing et Cornevin ne confèrent au bétail l'immunité.

La tentative du Comice agricole de Gex contribuera donc au progrès de la science et à la prospérité locale.   Dr GERLIER.

Tels sont les faits démonstratifs et fort encourageants que nous a fournis la pratique de la vaccination faite sur une large échelle, en pleine campagne.

§ 3

Démonstrations publiques de l'efficacité des inoculations préventives

Parmi les victimes de l'année 1881, dans la Haute-Marne, se trouvent trois animaux qui avaient subi l'inoculation préventive. Nous connaissons aujourd'hui les causes de ces trois insuccès. En février 1881, au moment où nous avons vacciné ces animaux, nous étions encore très timides quant à la quantité de virus à introduire dans la jugulaire. Nous redoutions l'infection générale, et nous ne voulions point compromettre la méthode en nous exposant à la voir survenir, par l'injection d'une trop forte dose de virus; aussi n'avons-nous donné que trois gouttes à chacun de nos opérés, quantité évidemment un peu faible, et qui appelait une inoculation de renforcement que nous n'avons point pratiquée.

De plus, nous savons maintenant que les veaux ont une faible réceptivité pour le virus et qu'ils acquièrent difficilement l'immunité; nous en avons donné la preuve au chapitre III, page 70. Or, ce sont précisément des animaux qui étaient à la mamelle ou récemment sevrés au moment de l'inoculation préventive qui ont succombé à la maladie.

Est-il néanmoins permis d'arguer de ces trois insuccès que le hasard seul a dirigé les choses, et que la méthode que nous préconisons ne produit pas d'effets préventifs? Peut-on dire que les cinq cents animaux inoculés par nous ne jouissent pas de l'immunité contre le charbon bactérien? Les statistiques et les renseignements fournis tout à l'heure nous semblent répondre péremptoirement; mais il a été fait des démonstrations publiques qui en donnent la preuve sans réplique, nous allons les rapporter brièvement :

1° Intéressé par nos opérations du mois de février 1881, voulant se rendre compte si les animaux inoculés jouissaient positivement de l'immunité, comme nous le disions, et s'ils résisteraient à des inoculations de virus bactérien, le Conseil général de la Haute-Marne décida qu'une expérience publique serait faite à Chaumont, et M. le Préfet du département nous invita à venir donner la démonstration réclamée. Nous acceptâmes avec empressement.

L'expérience eut lieu le 26 septembre 1881, en présence d'une très nombreuse assistance où se trouvaient des représentants de l'administration, des corps élus, de la presse, et où dominaient naturellement les médecins et les vétérinaires. M. H. Bouley, que M. le Ministre de l'agriculture avait délégué pour assister à cette démonstration, en rendit compte à l'Académie des sciences. Nous allons lui laisser entièrement la parole :

« Les expériences de Pouilly le Fort (d'Alfort) et de Chartres sur la vaccination de la fièvre charbonneuse ont abouti à des résultats si convaincants, qu'un grand nombre d'agriculteurs se sont empressés de faire mettre leurs troupeaux sous la protection de cette mesure de prophylaxie démontrée si efficace.

« Le Conseil général de la Haute-Marne a pensé qu'il serait utile de recourir au même procédé de démonstration pour entraîner les convictions des propriétaires des localités où sévit le charbon symptomatique, et les déterminer, eux aussi, à soumettre avec confiance leurs animaux à la vaccination spéciale, dont les expériences déjà nombreuses de MM. Arloing, Cornevin et Thomas ont démontré l'efficacité. Le Conseil général a, en conséquence, voté des fonds pour que des expériences publiques fussent faites à Chaumont en vue de ce résultat. La Société vétérinaire de la Haute-Marne a voulu très libéralement participer aux frais de cette utile entreprise, et, grâce à ces ressources, un groupe de vingt-cinq animaux a pu être acheté pour être soumis aux expériences destinées à prouver l'efficacité de l'inoculation préventive contre le charbon symptomatique.

« J'ai reçu du Ministre de l'agriculture la mission d'assister à ces expériences qui ont pleinement réussi. J'ai pensé que l'Académie en entendrait la relation avec intérêt, car il s'agit d'une découverte qui dissipe les obscurités d'une question de médecine pratique, jusqu'à présent non résolue, et fait faire à la prophylaxie par inoculation un progrès considérable.

. . . .

« J'arrive maintenant à la relation de l'expérience faite publiquement à Chaumont le 26 septembre dernier, devant une assistance très nombreuse, et qui ne laissait pas de gêner, par son empressement, les opérateurs.

« Vingt-cinq jeunes animaux de l'espèce bovine avaient été réunis pour être soumis à l'épreuve de l'inoculation charbonneuse. Sur ce nombre, treize avaient été vaccinés au mois de février dernier par injection intra-veineuse, et douze étaient vierges de toute inoculation. Pour que les conditions fussent rigoureusement égales, on accoupla deux à deux les animaux à éprouver, et le contenu de la même seringue servait à inoculer chaque couple, chacun des sujets en recevant la moitié.

« L'injection fut faite à la face interne d'une cuisse, l'aiguille étant plongée assez profondément pour qu'elle pénétrât dans le tissu musculaire.

« Cela fait, les animaux furent séparés en deux lots, et logés dans deux étables isolées; les vaccinés d'un côté, les non vaccinés de l'autre.

« Dès le lendemain, la disparate était frappante entre les deux groupes. Tandis que les animaux vaccinés présentaient toutes les apparences de la santé, avides d'aliments, mangeant, gais, et manifestant leur énergie par des bonds quand on les conduisait à l'abreuvoir; ceux de l'autre groupe, un seul excepté, étaient abattus, tristes, refusant de manger pour la plupart, lents dans leurs mouvements, et presque tous boiteux de la jambe sur laquelle l'inoculation avait été pratiquée. Sur les 11 malades, la tuméfaction était déjà manifeste, à des degrés divers, au point de l'inoculation, et la température du corps s'était élevée à 40°, 41° et au delà pour quelques-uns.

« Le lendemain, mercredi, 4 morts.

« Le surlendemain, jeudi, 2 morts.

« Le vendredi, 2 morts.

« 9 en tout, sur 11 malades.

« Les deux survivants, sur lesquels l'inoculation avait pris, étaient encore malades le samedi, mais sur l'un notamment, les symptômes s'amendaient assez pour donner à penser qu'il sortirait la vie sauve de cette épreuve. Quant à l'autre, la question restait douteuse.

« Ainsi, sur 13 animaux vaccinés, l'inoculation du virus dans les tissus cellulaire et musculaire, n'a été suivie d'aucun effet local ou général, si ce n'est sur une génisse où s'est montrée une petite tuméfaction rapidement disparue. Tous sont sortis indemnes de cette épreuve.

« Sur 12 animaux non vaccinés, 1 seul réfractaire. Les 11 autres très malades. 9 frappés à mort successivement, par groupes de 4, 3 et 2, dans les trois jours consécutifs à l'opération. 2 survivant le quatrième jour : 1 avec des signes indiquant qu'il résisterait à l'injection subie, et l'autre dans un état encore incertain, au moment où les derniers renseignements me sont parvenus.

« Tels ont été les résultats des expériences de Chaumont, résultats très concluants, on le voit, en faveur de l'efficacité préventive de l'inoculation par le procédé d'injection ntra-veineuse.

« Une particularité doit être signalée ici : c'est la force de résistance plus grande des sujets sur lesquels on a expérimenté dans la Haute-Marne, relativement à ceux qui ont été soumis à Lyon aux mêmes épreuves. Ceux-ci ont succombé tous, et dans un temps rapide, quand ils n'étaient pas vaccinés. A Chaumont, les accidents mortels se sont échelonnés dans les trois jours consécutifs à l'inoculation ; deux animaux avaient eu assez de résistance pour n'y avoir pas succombé le quatrième jour. L'un

d'eux était en voie de s'en remettre. Enfin, un douzième s'était
montré complétement réfractaire. Une enquête faite sur sa
provenance a appris qu'il sortait d'une étable où le charbon
symptomatique avait sévi, un an auparavant, et avait fait quatre
victimes. Le réfractaire des expériences de Chaumont s'était
vacciné spontanément dans le milieu infesté où il avait sé-
journé.

« Ce fait ne paraît pas isolé, et au point de vue de la médecine
générale, il présente un grand intérêt. Quand les expérimentateurs lyonnais firent, au mois de février dernier, leurs expériences d'inoculation sur deux cent quarante sujets environ du
Bassigny, les propriétaires des communes où ils se rendirent,
leur firent observer qu'il était inutile de vacciner les sujets qui
avaient dépassé quatre ans, attendu qu'ils n'étaient plus exposés
à contracter le charbon; cette maladie, d'après leurs affirmations,
ne sévissant que sur les jeunes. Les expérimentateurs lyonnais
ont voulu soumettre cette observation au contrôle de l'expérimentation directe. Ils sont parvenus à se procurer une vieille
vache de quatorze ans du Bassigny, et une autre du même âge
venant d'une localité située en dehors du périmètre où le charbon
sévit. Toutes deux ont reçu une même dose du même virus
dans la même région. La vache du Bassigny n'en a rien ressenti,
l'autre est morte du charbon symptomatique. Cette expérience,
toute unique qu'elle soit, a cependant une grande signification quand on la rapproche des faits que la tradition a
recueillis.

« Il y a de grandes probabilités que, dans les foyers épidémiques et épizootiques, les immunités des individus se
rattachent à des vaccinations spontanées qui donnent aux
sujets qui les ont éprouvées les conditions de leur résistance.

« Pour en revenir aux expériences de Chaumont, on peut
voir, d'après cette relation, qu'elles sont absolument confirma-

tives de celles que MM. Arloing, Cornevin et Thomas avaient faites antérieurement, et dont ils ont donné communication à l'Académie dans un mémoire qu'ils lui ont adressé pour le concours du prix Bréant.

« La double découverte qu'ils ont faite de la nature du charbon symptomatique, et de l'efficacité de la vaccination par le procédé d'injection intra-veineuse vient de recevoir une consécration publique qui ne peut laisser aucun doute sur sa réalité. »

2° Nos recherches et les quelques inoculations pratiquées à Aïn-Beïda ont éveillé l'attention publique dans le département d'Oran, dont le bétail paie un lourd tribut au charbon symptomatique. Le Conseil général oranais ouvrit un crédit de 1.000 francs à notre confrère, M. Brémond, pour le mettre à même de donner la preuve, par une démonstration publique, que les bêtes opérées par nous chez M. Duveyrrier possédaient réellement l'immunité.

M. Brémond a fait venir à Oran quatre des animaux de M. Duveyrrier vaccinés par nous dix-huit mois auparavant, et là, par des inoculations faites sur ces bêtes et sur quatre témoins, vierges de toute inoculation préventive, il a donné la preuve que nous avions fournie à Chaumont (1).

3° Cette même preuve, le Conseil général de la Haute-Saône nous l'a demandée aussi, et nous nous sommes empressés de déférer à son désir. Une somme de 3.000 francs fut votée par cette assemblée départementale pour couvrir les frais d'une démonstration qui devait s'appliquer à la fois au charbon bactéridien et au charbon bactérien.

Nous nous sommes rendus à Vesoul, les 12 et 26 juin 1882, pour procéder aux inoculations préventives. L'épreuve des

______

(1) Rapport au Conseil général d'Oran et *Journal de médecine vétérinaire et de zootechnie*, année 1883, p. 196 et suiv.

bêtes inoculées a eu lieu le 20 août, jour du concours organisé par la Société d'encouragement à l'agriculture de la Haute-Saône, et en présence d'une grande affluence.

Il ne nous appartient pas de parler ici du résultat des vacci-nations contre le sang-de-rate, quoique M. Pasteur, dans cette circonstance, ait bien voulu s'en rapporter à nous pour pratiquer les inoculations, et pour éprouver les sujets vaccinés.

Nous avons, à Vesoul, inoculé préventivement contre le charbon bactérien, deux lots de bêtes bovines,. l'un par la méthode des injections intra-veineuses, l'autre par l'injection hypodermique de virus préalablement atténué par la chaleur, suivant le procédé que nous avons indiqué au chapitre pré-cédent.

Nous n'entrerons point dans les détails de la démonstration. Nous rappellerons seulement que ce qui lui donne un intérêt tout particulier, c'est que notre méthode de vaccination à l'aide de virus atténué par la chaleur, a subi là, le 20 août 1882, pour la première fois, l'épreuve de l'expérience publique et l'a subie avec succès.

Quatre bouvillons inoculés une première fois le 12 juin, renforcés par une seconde inoculation le 26 juin, ont reçu le 20 août, comparativement avec deux bouvillons non vaccinés et qui servaient de témoins, du virus bactérien frais dans la cuisse. Les deux témoins sont morts dans les vingt-quatre heures, en présentant des tumeurs charbonneuses énormes, les quatre sujets vaccinés n'ont pas cessé un instant de manger, de présenter tous les attributs de la santé, les phéno-mènes locaux, au point d'inoculation, ont été nuls. En un mot, la démonstration de la réalité de l'immunité qui leur a été conférée par le virus chauffé, a été aussi entière que possible.

L'étude à laquelle nous venons de nous livrer ne pouvait être sanctionnée par des résultats plus pratiques que ceux que nous avons obtenus : la possession de deux méthodes capables de mettre les animaux de l'espèce bovine à l'abri du charbon bactérien, de restreindre la fréquence de cette maladie et de conserver ainsi une partie importante de la fortune agricole.

FIN

TABLE DES MATIÈRES

Introduction. 5

Chapitre premier. — Revue historique des connaissances relatives aux maladies charbonneuses. 11

Chapitre II. — Fréquence. — Symptômes. — Terminaisons. — Lésions du charbon bactérien. 38

Chapitre III. — Inoculabilité du charbon bactérien et non récidive. — Mécanisme de l'infection. — Applications à l'interprétation des faits cliniques et à l'étiologie. 61

Chapitre IV. — Du microbe du charbon bactérien. — Preuves expérimentales qu'il est l'agent exclusif de la virulence. — Sa résistance aux causes de destruction. — Conséquences pratiques. 101

Chapitre V. — Spécificité du charbon bactérien résultant de sa comparaison avec le charbon bactéridien et avec quelques septicémies. 131

Chapitre VI. — Des moyens de conférer artificiellement l'immunité contre le charbon bactérien. 151

Chapitre VII. — Applications et résultats. 187

LYON — IMPRIMERIE PITRAT AÎNÉ, RUE GENTIL, 4.

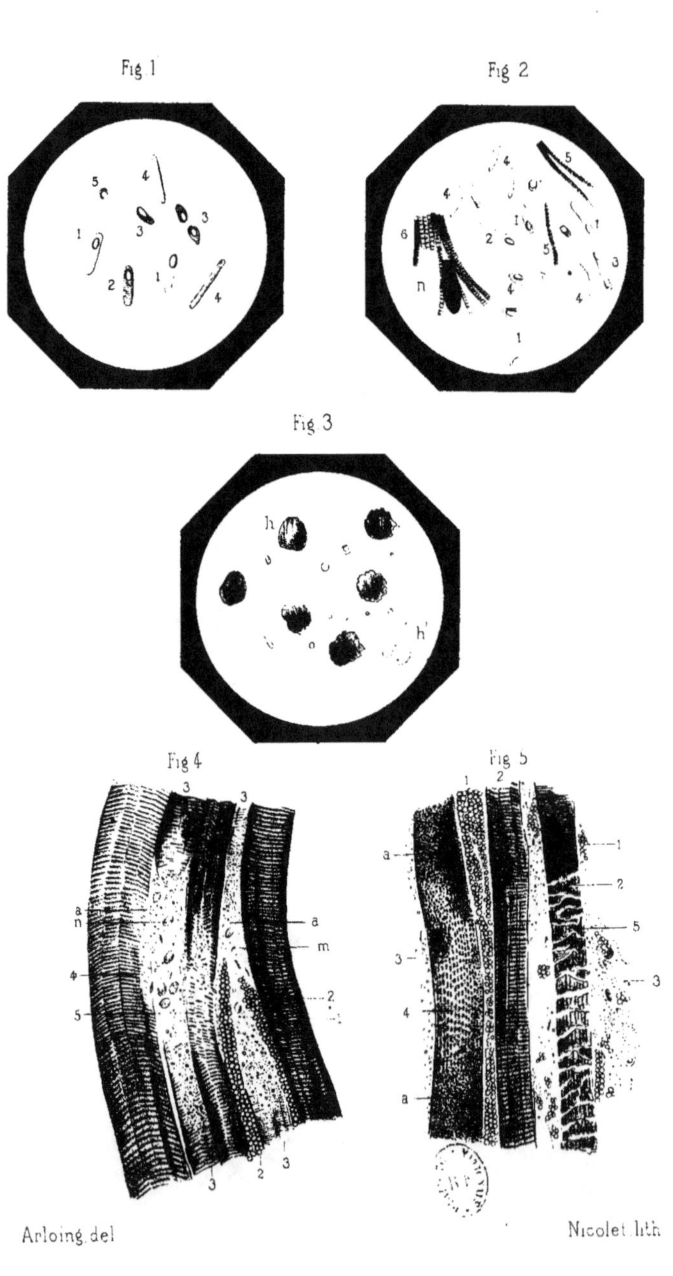

Arloing.del
Nicolet lith

EXPLICATION DES FIGURES

FigurE 1. — *Sérosité de la tumeur du bœuf.*

1, 1, vibrions en forme de bâtonnets mousses, mobiles, pourvus d'une spore brillante à l'une des extrémités ; 2, *idem*, dans une autre position de l'objectif, la spore paraît sombre ; 3, 3, vibrions dont le corps protoplasmique paraît plus court et acuminé ; souvent cet aspect est dû à la position plus ou moins oblique des vibrions dans le liquide de la préparation : 4, 4, vibrions sans spores mobiles, plus longs et plus grêles que les autres (il abonde dans la sérosité de l'œdème qui entoure la tumeur) ; 5, vibrion sporulé vu par son extrémité.

FigurE 2. — *Sérosité du centre de la tumeur du bœuf, quelques jours après la mort, la putréfaction absente.*

1, 1, 1, vibrions sporulés ordinaires ; 2, vibrions ayant pris la forme de massue ; 3, vibrion à deux spores ; 4, 4, 4, vibrions dont le corps s'est élargi de façon à devenir fusiforme ; 5, 5, débris de cylindres contractiles striés que l'on est exposé à prendre pour des vibrions sans spore ; 6, débris plus volumineux de fibre musculaire striée ; *n*, noyau de fibre musculaire que l'on pourrait confondre, sauf la dimension, avec le vibrion devenu fusiforme.

FigurE 3. — *Microbes du charbon symptomatique tels qu'on les rencontre quelquefois dans le sang, à la dernière période de la maladie, ou peu de temps après la mort.*

Ceux-ci ont été vus dans le sang du taurillon quelques heures avant la mort ; *h*, hématies altérées ; *h'*, hématie à peu près intacte.

Ces trois dessins ont été faits à la chambre claire, obj. 10 et ocul. 1 de Verick.

FigurE 4. — *Coupe faite au sein d'une tumeur intra-musculaire du bœuf, parallèlement à la direction des fibres contractiles : durcissement à l'alcool, coloration au picro-carminate d'ammoniaque.*

1, faisceau primitif strié normal ; 2, 2, amas de globules rouges épanchés entre les fibres musculaires emprisonnées par la fibrine et l'albumine coagulées : 3, 3, 3, 3, fibres musculaires dont le sarcolemme a été rompu et le contenu entièrement détruit dans les points *a*, *a* ; *n*, cellules lymphatiques mélangées aux débris de la substance contractile et aux microbes *m*, dans les points où les fibres ont été détruites ; 4, 5, fibres musculaires entamées au sein de l'infarctus par l'action des microbes et dont le contenu est en voie de destruction.

FigurE 5. — *Coupe faite dans un autre point de la tumeur, légèrement dissociée.*

1, 1, amas plus ou moins considérable de globules sanguins ; 2, fibre musculaire à peu près saine ; 3, 3, 3, réticulum fibrineux plus ou moins chargé de microbes sous forme de granulations et de vibrions ; 4, fibre musculaire en voie de dégénérescence graisseuse surtout dans les points *a*, *a* ; 5, fibre musculaire qui a subi la dégénérescence cireuse ou de Zenker sur la plus grande partie de sa longueur.

Dessins faits à la chambre claire. Obj. 6 et ocul. de Verick. Les microbes ont été grossis, afin qu'on les distingue plus aisément des filaments ou grains fibrineux.

A LA MÊME LIBRAIRIE

LE PROGRÈS EN MÉDECINE PAR L'EXPÉRIMENTATION

COURS DE PATHOLOGIE COMPARÉE

Professé au Muséum d'Histoire Naturelle — 1880-81

PAR M. H. BOULEY

MEMBRE DE L'INSTITUT, INSPECTEUR GÉNÉRAL DES ÉCOLES VÉTÉRINAIRES

Un beau volume in-8 de près de 700 pages. — Prix : 12 francs

LA NOUVELLE VACCINATION

PAR M. H. BOULEY

De l'Institut, inspecteur général des Écoles vétérinaires

Avec six figures intercalées dans le texte

In-8. — Prix : 1 fr. 25

TRAITÉ DE L'INSPECTION DES VIANDES DE BOUCHERIE

Considérée dans ses rapports avec la Zootechnie, la Médecine vétérinaire et l'Hygiène publique

PAR L. BAILLET

Vétérinaire de la ville de Bordeaux, Inspecteur général du service des Viandes

DEUXIÈME ÉDITION REVUE ET AUGMENTÉE

Un vol. in-8 avec figures intercalées dans le texte. — Prix : 10 francs

---

SIEDAMGROTZKY

Professeur à l'Université de Vienne

ANALYSE MICROGRAPHIQUE ET CHIMIQUE

Appliquée à la détermination des Maladies des Animaux domestiques

Traduit par MM. WEHENKEL et SIEGEN

UN FORT VOLUME IN-8 AVEC FIGURES. — PRIX : 7 FRANCS

MANUEL PRATIQUE DES INJECTIONS TRACHÉALES DANS LE CHEVAL

NOUVELLE MÉTHODE THÉRAPEUTIQUE POUR LE TRAITEMENT DES MALADIES DES ANIMAUX DOMESTIQUES

Par le Docteur G. LÉVY, de l'Université de Pise

Prix : 3 fr. 50

J. CRUZEL

TRAITÉ PRATIQUE DES MALADIES DE L'ESPÈCE BOVINE

DEUXIÈME ÉDITION

Par F. PEUCH

Professeur à l'École vétérinaire de Toulouse

Un vol. in-8 de 800 p. avec figures intercalées dans le texte — Cartonné à l'anglaise

PRIX : 14 FRANCS

LYON. — IMPRIMERIE PITRAT AÎNÉ, 4, RUE GENTIL.

www.ingramcontent.com/pod-product-compliance
Lightning Source LLC
LaVergne TN
LVHW011956180726
843502LV00005B/1443